THE WORLD'S MOST EXPENSIVE WATCHES

ARIEL ADAMS

后浪

THE WORLD'S MOST
EXPENSIVE WATCHES

名表博物馆

［美］阿里尔·亚当斯（Ariel Adams）著

程自华 译

中国华侨出版社

北京

作者介绍

　　阿里尔·亚当斯（Ariel Adams）是国际知名的手表专家和作家。他是在线杂志 **aBlogtoWatch.com** 的创始人和总编，经常在世界各地的主要新闻和生活方式出版物上发表文章。他也是以钟表为主题的播客节目的主持人，同时为众多出版物担任编辑工作，如《启程》杂志和《福布斯》杂志。

内容简介

　　在现代社会，腕表已经不仅仅是一种计时工具或时尚配饰，而成为了一种身份的证明。你是政治家、名人、科学家还是运动员，看看你手上佩戴的腕表就一目了然。

　　这本书中展示了一些全世界最奢华、最复杂、最具收藏价值，亦或最有趣的当代腕表。它们价格不菲，起价约20万美元，有些甚至高达500万美元。跟随作者，我们仿佛经历了一场过去10年的腕表之旅。由于历史原因，这些腕表在拍卖会上都拍出了极高的价格。

　　从这本书中，我们可以了解每款手表的制作工艺、历史渊源、品牌故事和细节特点。这些说明有效解构了价格标签，剖析了设计和工艺的复杂性，以及其独特性和可收藏性。

　　在全球社会的各个领域，人们都热衷于利用配饰来衬托身份。这本书无论对于钟表从业者还是配饰爱好者都有着很大的参考价值。

献给我的父亲理查德·亚当斯（1945—2014）

父亲不仅是一位挚友，还一直支持着我

他不仅对我热爱的手表有兴趣，还为我感到自豪

他让我对这个世界保有好奇心，鼓励我不断探索

这本书为他而作

目录

如果你像我一样，是一个对吃喝都很讲究的生活家，而且从职业生涯初期开始，就经常与奢侈品打交道，每天的工作就是撰写定制西装的参考目录、书和文章，抑或为富豪做全球旅游攻略，那么你很有可能会染上审美疲劳的"职业病"。因为虽然大众见到奢侈品时会惊奇不已，评论家们却早已见怪不怪。然而，不管以何种标准衡量，评论家们都不属于人们经常谈论的"前百分之一的人"，但我们还是有机会去体验前百分之一的人的生活方式。奢侈品评论家就是灰姑娘，腕表则是"水晶鞋"：午夜钟声一响，"水晶鞋"就应声脱落，一切又回归普通人的生活。

尽管如此，当你翻开阿里尔·亚当斯编著的这本《名表博物馆》时，还是很容易被书中的内容惊掉下巴。就算是对手表不屑一顾的人（傻子才会对钟表不屑一顾！），当他们将目光转向这些大师级机械表时，心中也会感到愉悦，充满崇敬。

这些令人惊叹的手表（尤其是瑞士表）并非简单地将黄金、铂金、红宝石或钻石部件堆砌在一起。制作精美的手表有一种魔力，超越了表上的复杂功能和陀飞轮这样的优雅装置。

只有在看到书里的各种腕表之后，才能真正领略现代奢侈钟表匠之才能。钟表记录时间的功能，被他们以一种微妙的方式，藏在了钟表的光影之中。他们对完美品质的追求，与400年前第一位售卖钟表的匠人的工匠精神相比，别无二致。

有意思的是，每块表的核心部分：机芯、复杂功能、陀飞轮，都致力于达成一个简单而实用的目的——以最准确的方式记录时间。这些钟表带给人们欢乐，甚至会诱惑人们。但抛开其精致的外表，一台有生命的机械的存在只是为了记录时间这一抽象概念。没有人能逃脱时间的魔爪。也难怪爱因斯坦曾表示："如果不当物理学家，我可能会成为一名钟表匠。"

做工精美的腕表或怀表无疑能增加佩戴者的外在魅力。奇怪的是，大多数业余爱好者对钟表的理解仅仅停留在价格层面，而低估了钟表的价值。只有少数的收藏行家，才会将一块手表当作低调而富有内涵的艺术品来欣赏。诚然，用钻石来修饰确实会让手表看起来更加夺目，但这绝非常例（镶嵌钻石的做法在奢侈珠宝女表上更常见；而男性只需刻意把定制套装和衬衣下的手表一亮，就心满意足了，就像之前说的，低调而富有内涵）。

那是不是说只根据价格欣赏钟表就是一件没有品位的事情呢？如果在考量一块手表时只看价格，那说明这人观察得还不够仔细。现在世界上富翁如此之多，亿万富翁、富有家族、高薪运动员和娱乐明星，只用按几个按钮，他们想要的东西就能到手。这么说来，用价格高低来对手表进行分类也算是实际且诚实的做法了。

值得注意的是，奢侈品和定制手艺不是存在于泡沫里，高昂的价格只是一种生活方式或罕见爱好的一个方面而已。认真看完这本书之后，你就会发现，一块表的内涵，远超过其六位数或七位数的价格。手表见证了几个世纪以来钟表匠们的传承和创新，在其昂贵矿石和各种精细设计的外表下，隐藏着一颗不断跳动的机械心脏。

亚当斯先生以大师级的写作手法，编纂出了一本关于手表这一美丽且实用的物品的书。本书行文严谨，但读起来饶有趣味。阅读下去，你便会感到惊叹。

亚伦·西格蒙德
纽约

西格蒙德先生是芝柏旗下在线钟表杂志《芝柏风格指南》的主编，曾为多家杂志撰写、编辑出版奢侈品或手表方面内容。

合作媒体包括时代公司、《价值》《交易员月刊》《交易撮合者》《罗柏报告》《时尚先生》《花花公子》杂志和手表杂志《变革》，以及手表博客看表网（aBlogtoWatch.com）。

名表博物馆：
介绍

让·杜南（Jean Dunand）：夏巴卡

本书为读者精心挑选了部分世界上最昂贵的手表。这些表的出售或制造时间都在过去的 10 ~ 15 年。书中介绍的大部分手表都是新款，也包含一些在拍卖会上成交的古董或罕见的手表。书中所有手表的价格都不低于 20 万美元。

设立这样一个最低价格是很有必要的。之所以这样做，是为了探讨书中入选的这些有趣或重要的手表价格不菲的原因。只用一张单子就囊括世界上所有的贵重手表是不可能的事情。一方面，近 20 年生产的很多钟表的零售价就已超过 20 万美元；另一方面，每年世界各地的拍卖会上，最终报价高于 20 万美元的手表也层出不穷。

本书旨在让对手表领域十分了解的人，以及对手表不感兴趣或从未听过书中所提到品牌的读者，都能在阅读过程中获得乐趣。也正因此，本书在解释所选手表的构造和用途时，出现一些术语是在所难免的。如果读者对于机械没有了解，那么在阅读时就很可能觉得有些内容难以理解，这是正常甚至是意料之中的。也正是因为阅读中的困惑，我们才会有求知欲。对于那些想拓宽知识面的读者而言，翻开《名表博物馆》这本书，就如同进入了浩瀚的知识海洋。除实体书外，还有丰富的在线内容供读者参考。

极度昂贵的奢侈品手表因何存在？对于那些成长于 20 世纪中叶之后的人来说，通过腕表或怀表看时间是一件再平常不过的事情了。和豪车、度假豪宅或游艇这些奢侈品相比，主流大众对于奢侈品手表知之甚少。尽管如此，市场上仍有海量高端或超高端的手表，这些手表每年所创造的价值及创下的价格难以数计。

和之前相比，奢侈品手表行业在最近 25 年里才活跃起来，颇有些讽刺意味的是，也正是在这 25 年间，钟表的价格开始一路下滑。钟表价格首次下滑是在 20 世纪 80 年代，当时正赶上石英机芯的电子表大规模生产；第二次则出现在 20 世纪 90 年代，从那时起，人们开始用手机取代手表。

石英手表的大规模生产给传统机械表行业带来了毁灭性的打击，行业内将之称为"石英危机"。早在 20 世纪 60 年代，就出现了技术成熟的石英水晶机芯电子表，这种表比当时大部分机械表精准得多。20 世纪 80 年代前，石英机芯的价格一直居高不下，但自 80 年代起，亚洲开始大规模生产石英，使得石英的生产成本急剧降低。至 80 年代中期，除非出于怀旧的目的，没有人会去花大价钱买一块传统机械表。

不难想见，机械表匠们因此开始陆续失业。过去机械表行业很大一部分都集中在瑞士，然而从那时起，不少表店便关门大吉了。在当时，很多历史上著名的大型钟表厂不是转向生产石英机芯手表，就是急剧下调产量，行业前景一片黯淡。

钟表行业，尤其是瑞士钟表行业的浴火重生，多亏了几个有拼搏精神的企业家，他们通过并购重组，将各大手表部件供应商和部件品牌整合在一起。在这些企业家眼中，石英表将成为主打实用性的手表，而机械表未来的发展应以低产量、高品质为方向，与石英表区别开来，以满足不同消费者的需求。人们曾以为机械表行业的丧钟已经敲响，不想机械表却成为收藏家、鉴赏家，以及想借助手表彰显自己地位之人眼中的奢侈品。20世纪90年代之前，机械表行业"奢侈品化"改革几近完成，行业也迎来了一个新时代——一个机械表行业与艺术和珠宝行业跨界联合的新时代。如今，这种跨界联合的现象在高端奢侈品手表上尤为常见，高端手表的价格和一辆车或一套房子的价格相当。

但是奢侈品手表是新兴行业的这种说法也站不住脚。在钟表行业诞生之时，为富豪或超级富豪造的钟表就已出现。很多人都同意这样一种说法：怀表发明于约16世纪，曾是精英阶层的专属。直到18世纪，怀表才迎来了它的黄金时代。在这一时期，计时既是一项科学事业，又是一种艺术追求。生产出的绝大多数计时机器都作为精密仪器，用于工业、科研和导航。有一块属于自己的怀表的想法本身就很奢侈。那时候，贵族、富商和皇室成员都会有自己最喜欢的表匠。表匠们生产出令人惊叹的钟表与怀表，供这些人把玩，同时负责钟表的保养。

表匠们都认为过去100年制表技术没有太大发展。从很多角度来看，确实如此：今天的机械表与19世纪末和20世纪初的机械表相比，所应用的技术和原理大同小异。此外，目前任何一款机械手表上的复杂功能或特色在历史上都出现过。也正是这一原因，让今天很多较为经典的手表都是在复刻传统手表。

现在和过去的区别，在于零件制造、原料使用及借助计算机软件的新机芯设计这些方面。如今高端手表的标志之一便是使用异乎寻常的原材料和金属。所以，尽管现在机械手表的工艺技术是一个多世纪之前开发出来的，但是制表过程中所使用的材料及表上精密工程的元素，是历史上那些机械表所不具备的。

本书是按照钟表在拍卖会上成交价的高低来排序的。奢侈品的定价方式和其他大多数消费产品的定价方式完全不一样。奢侈品价格既是为了表明奢侈品的价值，又是为了彰显拥有者

一款积家（Jaeger-LeCoutre）机芯的设计草图

的尊贵。有时候，高价是为了体现一定程度的排他性。例如，只有手中有相当可支配收入的人，才戴得起一块价格50万美元的手表。因此，奢侈品价格昂贵不光因为奢侈品价值本身，还和它作为地位象征的用途有关。意识到这一点很关键，因为本书中的价格既考虑到了手表本身的价值，也考虑到了生产品牌对手表价格的预期。本书的目的之一，便是挑选出那些真正独特且能如实展示高品质奢侈品特性的手表。

贵表探因：
复杂功能与机械特征

人们一般认为，一块表的价值在于其机芯。机芯位于表壳内，是为机械表的运转提供动力的引擎。本书中的每一块表都有一款机械机芯，即书中所有手表都是受发条驱动的，且都不包含电子元件。与机械机芯相比，电子机芯更为常见，而且有很多机械机芯不具备的优点——例如电子机芯更为准确。然而鉴赏家们还是钟爱机械表，此外，男士奢侈品手表里基本只有机械表。人们刚开始可能不明白为什么还会有人喜欢机械表，但在仔细了解了背后的原因后，就不难理解其对机械表的喜爱了。

从外观上来说，机械机芯就很吸引人，机芯的机械之美用眼睛就能直接观察到。而电子表都是量产的，理论上来说，想要"欣赏"集成电路，就必须把硅板放到显微镜下面看。此外，即便是那些不那么贵的机械机芯，至少也会有一部分是通过手工组装的。许多奢侈品的一个共同点就是需要经过大量手工才能完成。绝大多数奢侈品手表的机芯都是手工组装、打磨的，甚至有些机芯的零部件都是手工制造的。

机械表之所以贵，还有另外一个很重要的原因：制造一款机械机芯需要花很长时间。奢侈品之所以贵就是因为生产起来耗工夫。有时，仅打造一款复杂的机械机芯就要花上一整年的时间。普通的机芯只有显示时间的功能，但是也有一些高度复杂的机芯，只显示小时和分钟。复杂程度是决定机芯价值的一个关键因素，机械表上的各项特性和显示便被称为"复杂功能"。

正在组装的积家（Jaeger-LeCoultre）机芯

一款手表的复杂功能越多，其设计、制造、组装的难度也越大。"新"复杂功能在钟表上很少见到。实际上，今天很多制表工艺在100多年前便早已存在了，有的工艺甚至更早。很多复杂、独特的手表功能只是在复刻传统技术。具体来说，就是将过去钟或腕表的设计微缩化，然后移植到手表上。其中有趣的一例便是雅克德罗旗下一款名为"魔力鸟"（the Charming Bird）的手表，这款表能够像小鸟一样唱歌，手表创意取自18世纪的古董。

最难组装的复杂功能包括计时功能、万年历、陀飞轮和三问。之所以难组装，是因为所需零件数目庞大，以及表匠在制作和调校每一块表的过程中都要付出极大的心血。几乎所有机械机芯都需要进行人工调校才能保证其正常运转。就算一个没有组装经验的人，凑巧把一款机芯的全部零部件都组装起来了（有的情况下一款机芯有上千零部件），机芯也不太可能运转起来——即使能运转起来也无法正常工作；背后原因在于，每一款机芯都需要用特定的工具以特定的方式组装起来，在特定的部位上润滑剂，并进行调校后，才能够正常工作。

可以将表的机芯类比成其他类型的引擎：有动力源、传动系统，还能对外输出做功。

然而，手表机芯与大多数其他引擎的不同之处在于，为了

雅典表（Ulysse Nardin）机芯：皇家蓝陀飞轮

时间大师（Maitres du Temps）："第一章"圆形透明腕表

真力时（Zenith）：学院克里斯托弗·哥伦布系列飓风腕表

保证报时的准确性，机芯需要以超过 99.99% 的准确度持续工作长达数年之久。想象一下，如果一台汽车发动机需要以每分钟 6,000 转的速度持续运转几年会发生什么？可能不出几天，发动机就会失灵。除长时间无须保养的优点外，简单机械机芯的另一项天才设计是其防震、耐冲击的防护构造。

人们很容易对机械表机芯感到司空见惯，因为现在机芯层出不穷。但是数量多并不代表可以否定机芯的内在美：世界上很多尊贵机芯极尽精密工程之美及装饰艺术之美。即使只有报时功能的机芯也可以藏有陀飞轮式擒纵机构、恒定动力擒纵机构或芝麻链传动系统。历史上，设计这些功能的初衷都是为了增加手表的准确度与稳定性。如今搭载这些功能的精选奢侈品手表包括真力时学院系列（Zenith Academy）、格睿时飓风系列（Christophe Claret Hurricane）和卡贝斯坦绞盘式竖直陀飞轮

（Cabestan Winch Tourbillon Vertical）。

过去约 10 年，陀飞轮倍受关注。当初为提高钟和腕表的准确性，表匠们开发出了很多套系统，发明于 18 世纪晚期的陀飞轮便是其中之一。陀飞轮的设计理念是，如果让一个水平转动的擒纵机构能围绕其本身的轴一直 360 度旋转，该擒纵机构便无"上""下"之分；正因为整个部件都在不断转动，也就能够抵消引力的作用。20 世纪 50 年代，表厂欧米茄率先将陀飞轮安装在一款腕表上，这块表原为欧米茄为参加一次计时比赛所设计的实验性产品。在那之后，陀飞轮才成为奢侈商业手表的标志，吸引各路藏家。颇具讽刺意味的是，陀飞轮原本是作为提高手表精度的奢华特性设计出来的。装在腕表上后，有些手表的准确度反而降低了。目前世界上最准的陀飞轮钟表与没有陀飞轮的走得一样准。

积家（Jaeger-LeCoultre）：双翼立体双轴陀飞轮腕表

罗杰杜彼（Roger Dubuis）：四游丝摆轮腕表

尽管如此，在高端手表爱好者眼中，陀飞轮作为身份的象征仍旧很受欢迎。陀飞轮之所以受欢迎，有两个原因：一是因为陀飞轮难以组装（这一说法有几分道理），二是因为陀飞轮在运行时所散发出的视觉魅力。绝大多数陀飞轮手表的表盘要么是有一部分镂空，要么是其上有一个孔，供人仔细观察陀飞轮。陀飞轮以一种前所未有的方式，开启了一个新时代：人们开始透过表盘观察机芯。陀飞轮种类繁多，其中就有一些异乎寻常的作品，包括积家的双翼立体双轴陀飞轮腕表（Duomètre Sphérotourbillon）和托马斯·普雷斯奇的三轴陀飞轮（Thomas Prescher Triple Axis Tourbillon）。

由此产生的机械迷恋开启了"机械偷窥"时代。由此而来的压力，让表匠们不仅要使陀飞轮能被看到，还要去设计美观的机芯。如今的很多奢侈品手表机芯就是受此影响制造出来的：机芯在兼顾功能性的同时，在视觉上也颇具吸引力。

这种欣赏机芯魅力的新视角与过去相比并没有太大差别，装饰机芯的习俗很早之前就已存在；但该热潮还是带动了手表表面和票后盖工艺的进步。除了陀飞轮，机械表运行时欣赏起来最有意思的复杂功能要数三问功能及与之相关的自鸣功能。两者都是音乐性的复杂功能，因为搭载这种功能的手表每次启动报时的时候都会演奏一首小调。结构高度复杂的宝格丽玛格索尼克合金自鸣陀飞轮（Bulgari Magsonic Sonnerie Tourbillon）竟成功将多种音乐性复杂功能集中到了一块表上。

因听觉和视觉上的双重吸引力，三问一直都是一项广受欢迎的复杂功能。大多数手表在启动三问功能时，都可以让人看到击锤击打簧条，听到由此奏出的簧音。这时，人们只用把耳朵贴近手表，就可以通过悦耳的簧音知晓时间。三问表至少有两套簧条装置。第一组音报小时，第二组音报刻，最后一组音报剩下的分钟[1]。听三问报时一直是藏家们的一大乐趣来源。

1　译注：以 2 时 49 分为例，启动三问后，手表先报小时数，即连续两声"咚"，然后是连续三组"叮咚"，表示三刻，最后剩下的 4 分钟以连续 4 声"叮"表示，所以当下时间分钟数为 15 × 3+1 × 4=49 分

格睿时（Christophe Claret）：索普拉诺

宝格丽（Bulgari）：玛格索尼克合金自鸣陀飞轮

像格睿时索普拉诺（Christophe Claret Soprano）这样的顶级三问表就以其簧音清脆、结构复杂而著称。

三问复杂功能的设计初衷是为了让佩戴者在看不清手表的地方也可以知道时间，其灵感来源于座钟和钟塔。在过去，有一款可携带的、不借助蜡烛或光线就能在黑暗中告知时间的钟表是一件非常奢侈的事情。讽刺的是，最后替代三问功能的却是夜光涂料（最初的夜光涂料是有放射性的，所以用起来很危险）。

不管制造起来有多麻烦，绝大多数复杂功能最初都以实用为出发点。如今很多手表上的复杂功能都已经过时了，却仍因稀有而广受欢迎。往往一些非常简单的复杂功能，例如日历和双时区，才是最实用的。虽然如此，还是有顶级高端表的狂热爱好者，去追求那些含有多种复杂功能的手表。

"大复杂结构"是一个定义有些模糊的术语，多用来形容那些含有多种复杂功能的手表。现存手表中有的包含超过 20 种复杂功能，在一些极端的例子里，有些手表的复杂功能甚至超过了 30 种。很长一段时间，宝珀 1735 大复杂功能手表一直是世界上最复杂的腕表。之后，该记录的保持者不出意料地以卢

瓦索（Loiseau）1f4 刷新了自己先前的记录。带有这种机芯的腕表十分复杂，以至世界上能设计出这种机芯的人寥寥无几，更别提制造这些机芯了。一款手表至少要有万年历、计时、三问这几项功能才能称得上是大复杂功能手表。

最近表匠们又提出了一种设计复杂功能的新思路，这种新复杂功能不是在手表上加入其他功能显示，而是用新潮的方式来显示时间。过去显示小时、分钟还有秒的方式，是让表指针围绕着表盘旋转，与钟显示时间的方式类似。几个世纪前，表匠们就开始探索如何用新潮的方式显示时间了，但最近的趋势是，多家品牌都投身于探索显示时间的新方式。一些现存的新潮机械表会通过数字来显示时间，这些数字有的在传动带上显示，有的则在跳动的方块上显示，还有的在伸缩臂上或传动轮上显示。新潮的方式可能不如传统方式那么可靠，但有创新总归是好事。藏家们在收藏手表时不仅看重传统的延续，也关注手表是否有趣、是否精致。最珍贵的机械表往往不仅做工精良，而且别具匠心。

贵表探因：
珍稀材料与工艺技术

瑞驰迈迪（Richard Mille）：RM 56-01 蓝宝石

若说黄金和钻石在奢侈品里最常见，是令人有些啼笑皆非的，奢侈品之所以珍贵就是由于数量稀少。和其他矿石或宝石相比，黄金和钻石远不如它们常见。但让它们脱颖而出的也正是黄金和钻石与生俱来的美感：加入黄金之后，物体变得分外光亮；切割恰当的话，钻石会十分耀眼。因其画龙点睛的作用，珍稀材料作为奢侈品基石的传统由来已久，除具有装饰作用外，加入珍稀材料还能体现出工匠的大胆工艺；而没有了珍稀材料，这些便无从谈起。

如果说钻石是天然稀缺品，那么精湛而富有艺术气息的工匠手艺则是社会稀缺品。从珠宝到家具，几千年来，艺术家和工匠们一直都孜孜不倦地打造各种各样的艺术品。就算使用的是十分普通的原料，奢侈品价值也因工匠们的精湛技艺而升华。当然，上乘奢侈品永远都是完美工艺与昂贵材料的有机结合。

最初，很多钟表就是用珍稀材料来制作、装饰的，所以说

奢侈钟表的历史和钟表本身的历史一样悠久。主要原因是，只有富裕阶层才付得起钟表匠工钱，让他们制造钟表。相应的，钟表匠们也会通过他们手工作品上的机械工艺和艺术手法，来打动有品位的客户。钟表功能原本以实用为主，随着钟表不断进化，人们对珍稀材料的理解也不断加深，包括如何利用奢侈材料加强设计、提高佩戴体验。今日，手表工艺种类之繁多、艺术手法之精湛，令人咋舌。

最常见的腕表原材料为铂金和18K金。18K金因其本身良好的延展性而成为一种十分保险的合金。大多数金表不是18K玫瑰金就是白金，在钟表世界中，黄金部件也十分常见。铂金作为最昂贵的金属之一，仍然是一种广受欢迎的高端表制造材料。斯特林银[1]因其过于柔软且易生锈的特性，很少用来制造表壳。

现代表匠们已尝试在制表过程中使用多种材料替代珍稀金属及其他珍稀原料。使用顶级钛金的手表并不少见，有的手表甚至使用了更异乎寻常的铂合金，譬如钯金。一些表匠还开发了专属合金，例如海瑞·温斯顿锆合金（Harry Winston's Zalium）。手表品牌从航空、赛船、赛车界汲取灵感，并将众多跨界材料融合进表盘和表壳之中。碳纤维在高端运动手表中频频使用，甚至先前多用于制造表镜的合成蓝宝石水晶，有时也被用作表盘或表壳材料。

手表品牌瑞驰迈迪（Richard Mille）曾造过数只价格超百万美元的全蓝宝石表壳手表，而另一品牌罗杰杜彼（Rogers Dubius）曾造过硅壳手表。工业陶瓷或许是奢侈品手表材料中最出人意料的。工业陶瓷的主要化学成分通常为二氧化钛，因其难以置信的防刮、不褪色性能，而被广泛使用。尽管这些新兴替代材料本身算不上珍贵，但是因其难以加工、难以精确切割，致使生产出的手表别具一格。例如，若不将蓝宝石水晶切成完全对称的圆薄片，就很容易碎掉，由此导致更低的良品率、更长的工时。

钟表匠们除喜欢用常见的珍稀宝石外，还喜欢用那些来源十分有限的材料。有时，表匠用取自陨石的金属银来修饰手表，但有的也会用化石或来自太空的石头，有来自火星的，也有来自其他小行星的。这些材料使手表价值升华，而且也多用

---

1 译注：含量为 92.5% 的银合金。

海瑞·温斯顿（Harry Winston）：史诗陀飞轮，三号腕表

朱利安·库德雷 1518（Julien Coudray 1518）：裁决 1515

于看得见的地方，例如表壳和表盘。在生产限量版手表时，表匠们喜欢用来自历史事件的材料，这些材料可以是古董车上的一块金属，或具有历史意义的船只上的一段木头。除了利用这些材料提升手表本身的价值，这一做法还在佩戴者与手表之间建立起一种情感上的连接。以品牌路易·莫华奈（Louis Moinet）的大师手表（Magistralis）为例，这款表使用了诸多来自外太空的石头，旨在吸引天文学爱好者。罗曼·哲罗姆的泰坦尼克 DNA 系列手表（Romain Jerome's Titanic DNA collection）则号称使用了沉于大西洋海底的泰坦尼克号的部分残骸。

藏家们在欣赏手表做工精美的机芯时，往往忽略了表匠们在珠宝设计上花费的心血，而在手表上镶嵌宝石是一件既不容易又耗时的事。虽然表面镶满钻石的手表也算得上是奢侈品，但最好的手表宝石设计是让表面的钻石形成清晰可见的图案，与其他宝石一起，突显出手表的主题风格。镶嵌宝石既是艺术，也是科学，还能使手表升值，例如伯爵皇帝庙宇（Piaget

Emperador Temple）或者宇柏大爆炸五百万美元版（Hublot Big Bang $5 Million）。珍稀材料与艺术手法结合在一起时，能在手表表面或内部呈现出令人惊叹的微装饰效果。传统装饰手法除了镶嵌宝石，还有雕刻和珐琅彩绘。

在高端手表上进行雕刻的惯例由来已久，既可以由纯手工完成，也可以借助人工操控的专用工具完成。品牌格里本宁格的蓝色旋风（Grieb & Benzinger's Blue Whirlwind）将多种雕刻风格融合在一起，几乎在机芯和表壳的整个表面都进行了雕刻，营造出一种令人眩晕的效果。

雕刻和彩绘叠加所呈现的效果能构成图案，在手表内营造出微型景观。通常，需要在显微镜下，才能在订制手表表面或机芯表面观察到人像或静物像，刻画出这样的效果往往需花费几个月时间。一般奢侈品手表客户喜欢在手表上订制专属修饰图案。世界上很多精美绝伦、独一无二的钟表，除了其制造者和佩戴者，无人知晓。

梵克雅宝（Van Cleef & Arpels）：诗缘男表

伯爵（Piaget）：皇帝庙宇腕表

许多手工装饰的手表都会向其他类别的奢侈品（例如珠宝）借鉴风格和主题。然而有些装饰技艺则是表匠的专属技能，例如镂空机芯和表面打磨。

在钟表行业中，"打磨"是一个较为宽泛的术语。现在绝大多数手表零件都是由机器制造出来的，但高端手表和普通手表的区别除了所用材料不同，还有是否部件好、有未经打磨。可打磨零部件除机芯外，还有表针，像乔治·丹尼尔斯（George Daniels）、罗杰·史密斯（Roger Smith）和菲利普·杜佛（Philippe Dufour）这样的传统表匠连表面上的表针都要手工打磨。

更常见的手工打磨部位还是手表机芯。高端表匠会把机芯的大部分零件一个个放在显微镜下，借助一些精密的仪器，打磨这些零件。在瑞士及其周边国家，表匠们会用一对镊子钳住那些细小的齿轮、表把或传动轮，然后用当地木材或特制砂纸打磨。行业里的大师级表匠通常能将零件表面打磨出镜面效果。

有些手表机芯是镂空的，镂空工艺最大程度简化了机芯的机械构造，只留下机芯主干结构，让人们观察机芯的运行。

镂空机芯本身是个很复杂的过程。为满足买家们的窥视癖好，高端表匠会对每一个零部件进行全方位的打磨。镂空就是

麦斯米兰（MB＆F）：钟表学机器三号珠宝机械手表细节图

为了能看到手表内的机芯，但有很多经表匠细心打磨的部件，因为深藏在机芯内部，而不能被藏家们看到。据说，除了手表的制造者，能看到这些隐藏零部件的只有那些手表返厂时对其进行维护的表匠。

绝大多数藏家们收集手表是因为其机械美感：他们所追寻的，是那些复杂而美丽的机芯。制造美丽的机芯不仅是一门学问，也是一种艺术。然而，表匠们手工制造一块手表所付出的心血，以及心血背后情感上的吸引力和手表的内生价值，只有那些最狂热的钟表爱好者才能体会到，不是所有人都有钻研钟表机械的那份热情。此外，旁人很容易注意到一个人所佩戴的手表，所以很多超高端手表的买家会去追寻那些装饰精美、镶嵌宝石和其他珍稀材料的手表，旨在满足他们的品位及搭配他们所选择的生活方式。

贵表探因：
历史地位与起源

爱因斯坦的浪琴表（Longines）

人们想获得珍稀或昂贵物品的动机，有可能是想拥有一段重要的故事。人戴上手表，就相当于把故事戴在了手腕上：为什么会有这块手表？手表是如何制造出来的？历史上谁曾拥有过这块手表？专属是奢侈品所有属性中最内在的属性。如果某样东西稀缺，必然价高。如果一件奢侈品在稀缺的基础上还有重要意义，其价值无疑页会随之水涨船高。

用来提高钟表价值的常见材料包括珍稀宝石、金属或其他珍稀材料，但制作材料不在本文的讨论范围内。关于物品价值的另一聚焦点则是物品在历史上的重要性，例如历史上一位知名或重要人物曾佩戴或拥有过的一件物品；一支并无特别之处的钢笔，在用来签署了一份历史上著名的文件之后，便不再普通。同理，一块古董表或许并无特别之处，但在人们发现古董

表曾经的主人是一位伟人之后，就不一样了。

在收藏界，藏品因历史上曾被某位名人拥有而导致价值升高的现象十分常见。价值能提高多少，不仅取决于名人到底有多受欢迎，还取决于藏品在塑造名人个性的时候，扮演了多重要的角色。如果这位名人已去世，而且社会对其生前贡献充分肯定，不管他的遗物本身价值如何，其价格都会是一个天文数字。

手表是在名人物品中较为独特的一类，因为手表本身是极为私人的物品。名人会亲自佩戴手表，还依靠手表知道时间。手表不仅体现了一个人的品位，还能使人了解佩戴者的风格和个性，以及知晓佩戴者想以何种方式与身边的人相处。社会对一位名人的兴趣越高，他的手表便越珍贵。因此，一块手表如果被社会关注度高的名人戴过，就会有很大的升值空间。阿尔伯特·爱因斯坦佩戴过的浪琴表原本是块再普通不过的古董金表，就因为爱因斯坦曾经戴过，所以这块手表在拍卖会上的成交价高达几十万美元。

历史上最有价值的名人手表出自 20 世纪，原因之一是那时人们得以通过图片和证人陈述，来证明名人真的拥有过这块手表。证明名人专属手表，除这两种方法外还有其他方法，例如可通过一块怀表上雕刻的拥有者名字来判断。名人手表在 20 世纪增多的另一原因是，直到这个时期，腕表才得以商业化。在那以后，一个人就算不是富豪，也能拥有自己的怀表。

能让手表升值的人群主要有三类：第一类是像演员、运动员、音乐家和艺术家这样的名人；第二类是社会上的实权人物；第三类是那些凭借自己的科技创新或科学成就改变了世界的科学家。值得一提的是，有些名人喜欢的手表款式或风格，即便很多年之后也会非常受欢迎，保罗·纽曼[1] 所喜爱的劳力士（Rolex）迪通拿手表便是其中一例。

手表来源是估量和名人有联系的手表价值的关键因素。证据本身越有力，手表的价值便越高。历史上，甚至今日的拍卖行中，都充斥着各种传说曾属于名人的手表。

就像很多人担心买到假表或高仿表的心理一样，藏家们对那些无法合理证明手表所有权的卖家会格外小心。这本身是一

---

1 译注：美国著名演员，一生获奖无数。

件很有技术含量的事，因为大多数人都没有兴趣确认手表实物和照片的差距究竟有多大。

虽然历史上的伟人或名人拥有过的事实能极大地提升手表价值，但是也还有一些其他历史因素，例如：谁造的这块表？这块表的设计有多新颖、多复杂？生产过程中是否发生过什么事情，让这块表别具一格？

藏家们通常会对那些有着类似"第一块""最好的"或"最××"描述的手表感兴趣。在钟表世界里，可以通过数种方式将这些前缀加到表上。艺术界有其最负盛名的艺术家，类似的，钟表界也有杰出的钟表匠。历史上这样的表匠前前后后大约有几十位，在这几十位表匠中，生于17世纪到18世纪的那些宗师级表匠最引人关注，因为如今很多手表所应用的技术都是由他们开创的。这些表匠［例如活跃于18世纪末，被誉为"现代钟表制造之父"的亚伯拉罕-路易·宝玑（Abraham-LouisBreguet）］造出来的手表之所以珍贵，不光因为手表本身就很漂亮，还因为制造出这些表的表匠对于整个钟表行业具有重大影响。那些机械构造十分独特的手表，或历史上首次应用某些技术、含有某些特征的手表同样宝贵。如果某一块表的机芯和其同时代手表的机芯都不一样，也会引起藏家们的兴趣。这条规则对今天的手表同样适用：机械结构新颖的手表价格都很高。但话说回来，想要找到一块首先应用某项科技的手表是一件十分困难的事，因此，藏家们乐于搜寻那些"率先应用某项科技"的手表。

一方面，古董和历史手表的相关概念或许已为人所熟知，另一方面，那些拥有新特色的手表价值往往更难以估计。新手表的问题在于它们还没来得及接受市场的检验，所以也就没法根据市场需求来决定新手表的价值。如今，表匠们越来越聚焦于手表的独特自主设计，借此来证明自己。对行业整体来说这无疑是一件好事，但一块表能获得商业上的成功并不一定仅仅是因为新颖或有趣。

另外一类值得注意的手表是"孤品"（piece unique）。"孤品"指的是那些世界上仅有一只，再无其他同款的手表。有的孤品手表有其独有的表面，有的甚至还有专门的机芯。世代以来，孤品的独特之处大多是在表面，但是每过一段时间，总会

瑞驰迈迪（Richard Mille）：RM 27-01 陀飞轮拉斐尔·纳达尔

有那么一位收藏家能打动一位表匠（而且也付得起价钱），让其生产出独一无二的表壳或机芯。因为这种手表都是绝无仅有的，所以藏家们对这种手表尤其感兴趣。这类手表的真正价值主要看制表师是谁，以及为什么会制造出这样一块表。众多品牌中，百达翡丽（patek philippe）依靠孤品手表在手表拍卖中大获成功。在手表世界里，独特性倍受追捧，因此一块手表若是绝无仅有的，将会异常有吸引力。

在一些特殊的例子里，一款手表之所以价高不仅仅是因为曾为名人所拥有，还因为手表本身的特性和所应用的技术。对某些藏家而言，一位爱表名人所拥有的著名专属手表，就是手表收藏界的圣杯。

HYT 液压机械：H2 铂金版
HYT: H2 In Platinum

$200,000（本书中腕表参考价格均以美元计）

瑞士精品腕表品牌 HYT 自称为"液压机械钟表学者"。这个名字代表着品牌创始人文森特·佩里亚德（Vincent Perriard）的终极梦想：将机械表与液体指示器结合。尽管文森特在为君皇（Concord）工作时就提出了这一创想，但是这一提议并未受到重视。直到他创立 HYT 之后，才得以用自己满意的方式实现这一概念。与上一代手表 H1 一样，H2 也采用一根充满液体的管子来显示时间。

液体的颜色可以是绿色、蓝色或红色这几种。随着时间流逝，液体不断注入管内，指向表盘边缘的小时标记。手表通过两个受机械装置控制的储液池来调整管中液体量，这使夜光液体能够像传统时针一样围绕着表盘"旋转"。制表师将分针涂成红色，样式更传统。

HYT 于 2012 年首次推出液压机械概念手表 H1，手表一经推出便获得成功。随后，借助 2013 年推出的限量款 H2 手表，HYT 继续在高端制表界推广液压机械这一概念。HYT 与业界知名公司 APRP（Audemars Piguet Renaud Papi）合作，一起设计开发出了一枚旨在向市场更上游进军的机芯。机芯毫无保留地展现在表面上。讽刺的是，新款 H2 的价格虽更高，但是功能却更少（H2 不含"秒针"）。不过 H2 的手工机芯的设计弥补了这一点，给人留下了更为深刻的印象。手表的动力储备达 192 小时（8天）。新款机芯的功能包括液压小时显示、分钟指针显示、可调表冠和机芯温度计。机芯温度计功能之所以有用，是因为温度的高低变化会影响储液室的运转。

后盖的景观进一步体现出手表设计的现代感：表面的景致将科幻小说元素和汽车引擎美学结合起来。弯曲的蓝宝石水晶后盖安装在表面上方，兼有放大镜之功能，使佩戴者能更细致地观察被液体管环绕的精妙机芯。虽然 H2 手表宽 48.8 毫米，但是佩戴起来却异常舒适。H2 最初只有纯钛金版，之后 HYT 又制造出了钛金 /18K 白色金部件版和钛金 / 钯金部件版。老款白色金版 H2 装有蓝色液体，限量 20 只，铂金版 H2 则装有红色液体，限量 14 只。

布里瓦：吉尼 01 铂金版
Breva: Genie 01 In Platinum

$205,000

有时候一块机械手表的出现是为了展现精湛的制表工艺。2013 年，瑞士品牌布里瓦（Breva）的首款手表吉尼 01（Genie 01）成为世界上首只拥有海拔表、气压表和天气预报这三大复杂功能的手表。如今，众多奢侈品牌会向消费性电子产品汲取灵感。手机兴起时，奢侈品牌以生产高端手机的方式予以回应。随着科技发展，电子设备上的环境和健康传感器开始吸引消费者，成为新卖点。吉尼 01 也有环境传感器，这些传感器专为奢侈手表买家设计并制造。

在一个充斥着各种超精确的数码产品的世界里，布里瓦的这只手表实用性不高的说法确实有一定道理。然而，从外观来说，没人能说还有哪只电子环境传感器比它更优雅、更美观。更关键的是，只要眼睛一看就能明白手表的功能。对很多工具爱好者来说，正是一看就懂这一点，让他们和一样仪器之间建立起情感。手表表盘由半透明水晶制成，借助大师级工艺将开盖与表盘重叠在一起，使欣赏者能够清晰地看到表内的机械结构。

布里瓦与业界著名机芯设计师让 – 弗朗格瓦斯·莫洪（Jean-Frangois Mojon）和他的公司克罗诺德（Chronode）一起开发出了这枚富有创意的机芯。在手表主表面的左侧，有一幅表面显示时间。主表面的右侧则是气压表，佩戴者亦可通过气压计读数的变化来预测天气。主表面的顶端则是海拔表，海拔表除了能显示秒数，还能显示机械表的动力储备。在主表面的底端则是海拔表和气压表系统中最为重要的组成元素：一枚特制的真空容器。

容器上方有一根小指针，测量容器的膨胀程度。可预见的是，指针读数将随着海拔和气压的变化而变化。但读取手表的天气预测不如电子设备那般直截了当，首先必须考虑到海拔，然后为使表壳内外的气压一致，需要打开手表上的一扇小空气阀门，同时还要关注手表的各项记录。

在布里瓦看来，这只手表是给资金充裕的滑雪爱好者及其他冒险爱好者准备的，因为天气会对他们的冒险有影响。尽管如此，手表仍由珍贵材料打造，设计者很高调地将其设计成 44.7 毫米宽、15.6 毫米厚。手表最开始是用白色金或 18K 玫瑰金生产，随后又推出 12 只限量铂金版手表。

梵克雅宝：远大旅程"从地球到月球"
Van Cleef & Arpels: Les Voyages Extraordinaires "From the Earth to the Moon"

$205,000

位于巴黎的梵克雅宝（Van Cleef & Arpels）曾制造出世界上最独特的精美奇物。梵克雅宝除了生产带有情感的精致珠宝和奢侈品，还生产特定系列的时计。和传统机械表的各种复杂功能及其所需的精湛技艺不同，梵克雅宝独辟蹊径，专注于手表的"诗意复杂功能"。品牌通过这一方式来告诉人们，绝大多数梵克雅宝的手表是为了让人们内心产生一股独特的感受。

每年，梵克雅宝都会为其手表选择几个主题。曾选用的主题包括精灵、蝴蝶、加利福尼亚自然景观、海洋生物，以及儒勒·凡尔纳小说中的奇幻之旅。2011年，梵克雅宝以凡尔纳小说中的内容为主题，隆重推出了"远大旅程"（Les Voyages Extraordinaires）系列。

该系列包含高端珠宝和手表，旨在以一种梵克雅宝独有的方式，重现儒勒·凡尔纳科幻世界的场景，以纪念他的作品带给人们的奇妙之感和小说中所体现的探索精神。其中一款手表就以儒勒·凡尔纳的小说《从地球到月球》为主题。

整只表都是在显微镜下，经手工装饰完成的。这只手表的表面上有一艘由黄金雕刻而成的小型太空飞船，在手绘的太空背景中飞行，背景中还有由彩釉绘制的地球、火星和木星。尽管手表名叫"从地球到月球"，但是表面上并没有月球。

表面上指示时间的则是两根逆跳指针。表面左侧有一颗金色小星星，小星星会在表面上沿着刻度移动以指示小时，表面的右侧则是之前提到的太空飞船，用来指示分钟。这套计时系统的设计十分巧妙，在显示时间的同时，还能保证太空的景象不会被挡住。手表的机械机芯由瑞士知名手表品牌积家生产。

巴多莱：沉浸
Badollet: Ivresse

$205,500

当巴多莱（Baddollet）与著名表匠埃里克·杰胡（Eric Giroud）合作时，巴多雷希望埃里克能设计出一只尽可能简约的奢侈品手表。在奢侈品手表行业，简约一般等同于衍生设计。然而，杰胡想设计一款外观简单又很独特的手表。对精品高端时计而言，独特性是引起人们兴趣最重要的元素。

手表沉浸（Ivresse）因此应运而生。虽然沉浸是一只十分现代的手表，但是诞生于1655年的品牌巴多莱却有着悠久的历史。据巴多莱公司表示，17世纪，家族成员让·巴多莱（Jean Badollet）开始制表，家族制表习俗一直持续到1924年，同年，企业因"一战"余波导致经济不景气而关门。2006年，品牌起死回生，并于2012年推出了这款手表。

据巴多莱介绍，手表的标志性复杂功能在于陀飞轮（陀飞轮在机械表上很常见）。制表师将摆动器组装在一个框架内，让整个装置自转。陀飞轮一般被安装在手表表盘的一侧，而"沉浸"则选择一种更为低调的方式来展现陀飞轮。陀飞轮最早发明于18世纪，旨在提高钟表的精度。如今，陀飞轮更多的是作为一门奢侈机械艺术而存在。

把陀飞轮"藏"在表的背面意味着只有佩戴者能够看到陀飞轮的运转。这样更为隐晦的陀飞轮设计旨在迎合那些想有一只高端但又不会太浮夸的机械表的藏家。类似这样更为低调的奢侈品通常被称为"隐形财富"，以应对大众对富豪炫富行为的厌恶。

手表的陀飞轮直径很大，表壳上有一个象征无限的符号，指代时间川流不息的特性，而川流不息的时间也正是宇宙的动力。与手表的表壳一样，这款手表的陀飞轮因弯曲而显得很特别。陀飞轮的部件，例如齿轮和弹簧都是直的，所以大多数陀飞轮也是直的，因此，设计并制造出一款弯曲的机芯并不是一件容易的事。手表只有时针和分针，在遵从极简主义的同时，时间亦清晰可见。手表有着圆形的表面，但表盘却是矩形的。

巴多莱因创造出沉浸这样一款复杂而又非常简约的手表而获得成功。最初版本手表的表盘为深蓝色，同时配有鳄鱼皮表带。随后推出款式的表盘有其他颜色，该系列每一款表都拥有铂金表壳。巴多莱表示，这款手表的年产量不足50只。

维亚内·阿勒特：深空陀飞轮
Vianney Halter: Deep Space Tourbillon

$210,000

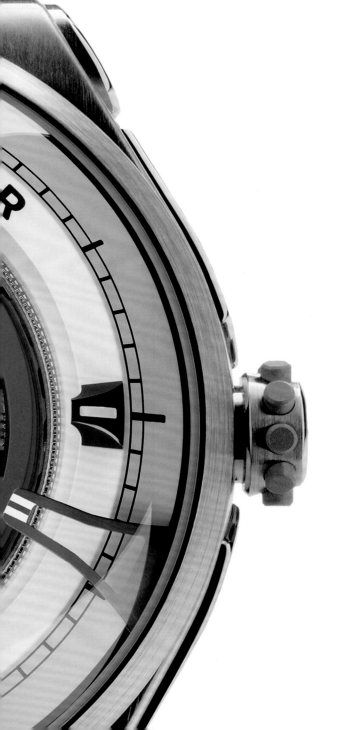

先锋制表师兼设计师维亚内·阿勒特（Vianney Halter）是自己手表的头号粉丝，因为他的理念就是设计出自己想戴的手表。维亚内对科幻小说的喜爱通过各种形式影响着他的作品。在高端手表界，这位天才的作品以风格怪异、出人意料而著称。

维亚内的功绩之一，便是将蒸汽朋克引入奢侈饰品界和高端手表界。他的第一只手表是以19世纪科幻小说为主题的古董（Antiqua），这款手表以微妙的方式，向儒勒·凡尔纳致敬。这种蒸汽朋克风格直到近来才为人所熟知。在20世纪90年代，手表行业中几乎没有人听说过这种风格。古董让阿勒特一表成名，极大地提高了业界对这位制表师的期望。这位内敛的表匠在经历了几年的起起伏伏之后，于2007年推出了一只名为"一月太阳与月亮"（Janvier Sun & Moon）的手表。

此后，阿勒特曾遗憾地表示他可能不会继续制表了，因为他认为自己缺乏创意和灵感。数年后，他从儿时最喜欢的《星际迷航》中获得了启发。他表示，儿时观看英语版（法语是其母语）的《星际迷航》原生剧，帮助他提高了自己的英语水平。2009年左右，他开始观看《星际迷航》的回归剧《深空九号》。

距这位制表师推出自己"最后一款手表"的7年之后，他又发布了一只名为"深空陀飞轮"（Deep Space Tourbillon）的手表。手表显然是在致敬《星际迷航：深空九号》。这只手表不仅为制表师赢得了一座奖杯，还证明了阿勒特是当今最有趣、最有创意的表匠之一。深空陀飞轮的表壳有宇宙飞船的风格。在手表的宣传材料中，阿勒特将手表描绘成穿梭于宇宙中的一支太空舰队里的一艘飞船。

从设计的角度来说，深空陀飞轮和阿勒特之前的手表有相似的地方，但同时也有一些细节上的差别，例如吸引眼球的表耳挂螺丝便体现着品牌的基因。手表所有的运转系统都可以在表盘上看到。表盘有一枚陀飞轮式擒纵，围绕三个轴点自转。表盘形状的设计深受电视剧中"深空九号"空间站的启发。

时针和分针围绕着表面的边缘旋转，灵感来自空间站的立柱设计。内部陀飞轮的结构十分独特，不仅因为其处于表盘中央，更因为陀飞轮同时围绕多根轴旋转。整个陀飞轮悬挂结构不仅围绕着表面旋转，同时不断自转，使运行中的陀飞轮变得极具观赏性。源自科幻的深空陀飞轮象征着维亚内·阿勒特对其灵感来源最崇高的敬意。

沛纳海：夜光 1950 时差陀飞轮泰坦尼奥 PAM00365
Panerai: Luminor 1950 Equation of Time Tourbillon Titanio PAM00365

$220,000

源于意大利的制表品牌沛纳海（Panerai）在藏家中有一群"异教徒"般的簇拥。如今，沛纳海在瑞士经营业务。绝大多数沛纳海时计都基于 20 世纪 30 年代的设计。该品牌此前曾是一家意大利海军零件供应商，在劳力士的帮助下，沛纳海成功制造出品牌首只防水潜水表。品牌的产品核心设计自 20 世纪 30 年代至 50 年代就已完成，但是直到 90 年代，沛纳海才获得广泛认可。

虽然所有沛纳海手表定价均为奢侈品手表的价格，但是品牌几乎从未制造过超高端手表。2010 年，沛纳海推出了到那时为止该品牌最为复杂的时计，即限量版的 1950 时差陀飞轮泰坦尼奥（1950 Equation of Time Tourbillon Titanio），编号 PAM00365。手表的钛金表壳非常大，宽达 50 毫米，表壳的正面和背面都有指示显示。如果客户有特别要求，沛纳海会按客户要求，提供 18K 玫瑰金版本的手表。

本质上来说，1950 时差陀飞轮是一只太空表。对于一家专注于生产潜水时计的厂家而言，推出这样一只腕表显得有点不合常理。对很多人来说，沛纳海的设计吸引人的地方在于其简单又实用的表盘。"时差陀飞轮"的表盘拥有一系列功能，包括时间显示、线性时差、日期，以及表面边缘的倾斜法兰环上的日出和日落时间标记。买家可在预订时，选择具体城市，以确定该城市的日出日落时间。

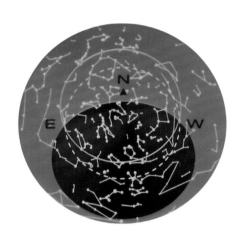

时差是一项异乎寻常的复杂功能。该功能能够显示太阳时和平民时之间的差值，这可能对于那些有日晷的人才会有用。但是，设计这项复杂功能时必须考虑到一整年都不断变化的数据，这块表也因此而受到藏家们的青睐。手表的背面有一张星象图。星象图具体画面，由顾客在购买时所选的城市和地球半球决定。

城市不同，星图不一样，而且每幅星图本身每天也会有相应的变化。在表壳背面还显示有手表的动力储备，这样一来，佩戴者就知道何时需要给手表上弦。每上弦一次，手表可以运行 4 天。机芯还拥有陀飞轮式擒纵，品牌对于陀飞轮的设计有其独到之处。大多数陀飞轮的轴都是垂直的，而且一般陀飞轮转一圈的时间是 1 分钟。而沛纳海设计的陀飞轮轴却是水平的，并且转一圈只要 30 秒。这款手表不仅数量稀少，而且只接受定制。沛纳海只生产了 30 只 1950 时差陀飞轮手表。

卡地亚：霍通德·德·卡地亚系列太空陀飞轮碳水晶腕表
Cartier: Rotonde De Cartier Astrotourbillon Carbon Crystal

$221,000

当卡地亚选择在其更为主流的奢侈珠宝手表之外开展超高端时计业务时，品牌面临着一个艰难的选择。问题在于，奢侈品手表市场已经够拥挤和矛盾了。藏家们想要时计品牌对历史概念进行现代解读。大多数优秀手表都会遵循传统，但与此同时，买家们总是在寻找那些新潮的时计。

进军高端市场时，卡地亚的任务是制造一款看似熟悉，实际上全新的时计。这只时计还要指明品牌未来的发展方向。2010 年，在推出 ID 1（ID One）手表后，卡地亚一举获得成功。品牌随后又于 2012 年推出了 ID 2（ID Two）手表。两只令人赞叹不已的手表都是利用全新的材料或工艺制造的传统手表。

从实用性的角度来说，在打造 ID 1 和 ID 2 的过程中，卡地亚使用了一些听起来异乎寻常的材料：陶瓷、铌和碳水晶。用这些材料制造出的机芯拥有很多金属机芯不具备的优点，包括机芯阻力小、防锈、无须润滑，同时不受温度变化和磁场的影响。问题是，不管是 ID 1 还是 ID 2，都不曾投入商业化生产。

不过卡地亚之后还是推出了限量版的太空陀飞轮碳水晶（Astrotourbillon Carbon Crystal）手表，品牌将 ID 系列上的科技移植到了这款量产手表上，而且卡地亚的型号选择也十分恰当。原版太空陀飞轮（Astrotourbillon）手表推出于 2010 年。表名取自手表的一项特有功能，即将平衡轮和擒纵机构一起组装在表面的第二根指针上。卡地亚成功地将一款机械机芯最重要的擒纵组装到手表的一根指针上，这确实是一项创举。

正因为其擒纵机构是围绕表盘旋转的，所以手表没有传统意义上的陀飞轮，"太空陀飞轮"的名字也就显得较为合适。限量版太空陀飞轮机芯的部分零件采用碳水晶制造。表壳的制造原料是一种和钛金属类似，但更耀眼的金属铌。

碳水晶实际上是覆有钻石外层的硅质材料。之所以用碳水晶来造机芯，是因为和金属相比，碳水晶不需要润滑，而且比金属更为持久。表层的钻石使得材料具有很高的强度。碰巧碳水晶几乎是完全透明的，所以手表外观也很赏心悦目。这块极为现代的手表对卡地亚在超高端时计方面的探索来说，具有十分重要的意义。太空陀飞轮碳水晶腕表限量 50 只。

保时捷设计：P'6910 指示器腕表
Porsche Design: P'6910 Indicator

$225,000

即使数字手表有着更易辨认的优点，藏家仍旧因表盘式手表的美学魅力，而对后者情有独钟。人们在选择腕表时，更看重其是否美观，而不是功能性。尽管如此，当手表的功能设计得简约而有效时，也会很美观。换句话说，一只运转流畅的手表本身就具有独特的美感。这样的设计哲学正是保时捷设计（Porsche Design）这样的创意公司的指导设计原则。

自 19 世纪 70 年代起，保时捷设计公司所设计的时计一直都是兼顾美观和实用的设计典范，尽管公司本身从不制表。过去多年来，公司曾尝试与多家瑞士手表品牌展开合作，一起制表。2013 年，保时捷设计的官方合作表厂是历史上享有盛誉的瑞士品牌绮年华（Eterna）。

在 2005 年左右，保时捷设计想造出一款工艺上前所未有的时计，作为其产品线的顶级手表。保时捷设计与绮年华合作，探索如何打造出符合保时捷功能至上宗旨的终极时计。2008 年，他们推出了十分独特（也十分昂贵）的腕表 P'6910 指示器（P'6910 Indicator）。作为体育行业计时器的领导者，保时捷设计的目标是将其机械表设计经验和数字式手表的易辨认性结合在一起。

P'6910 是第一款具有数字式计时功能的手表。计时读数显示在计时牌上，每过 1 小时或者 1 分钟，相应读数都会一跳，计时秒数则通过传统的指针显示。除了拥有显示时间和计时的功能，P'6910 还有自动机芯的动力储备显示。保时捷设计公司表示，每一款 P'6910 的机芯都需要 40 天来组装。

尽管手表有 49 毫米宽，还很厚，但是佩戴体验却异常舒适。蜂巢型图案是保时捷设计公司所设计手表的标志，在 P'6910 机械机芯的表面就有这种图案。保时捷设计很少在手表上引入保时捷跑车元素，不过 P'6910 机芯的自动转子则是有意模仿保时捷跑车的车轮设计而成。P'6910 有钛金和 18K 粉金款两种型号，其中粉金款限量 10 只。

和域：UR-203
URWERK: UR-203

$230,000

当日内瓦精品手表制造商和域（URWERK）的手表进入市场时，品牌手表因其独特的时间显示方式而一举成名。对小型高端手表品牌而言，通过新瓶装旧酒的方式让品牌脱颖而出是十分常见的做法。在时计世界里，表匠们花很多心思探索如何用常见的 12 小时标记圆形表盘之外的方式来显示时间。并非圆盘式表盘有何不妥，只是寻找替代方案总归是一件刺激、富有挑战且很艺术的事情。

虽然卫星式显示并非和域首创，但是考虑到品牌对该方式应用之熟练，说品牌把这一主题归为己有并不为过。不断旋转的卫星显示小时，同时这些卫星还指着分钟标记，以显示分钟。如此一来，三个不断旋转的多面体便可在表盘下部显示时间。每当到达对应时间时，相应的卫星会旋转至下方，同时卫星上的多面体也会显示对应的小时数。该手表另一有趣之处在于，三条臂都是可伸缩的，在指向分钟刻度的时候都会延长。

UR-203 之前还有 UR-202。因 UR-203 表壳的外形酷似锤子顶部，所以品牌给手表起了个"锤头"的绰号。UR-203 这款限量版手表的发布时间是 2010 年，款式全部都是黑色的。给全铂金表壳涂上黑色涂层是该品牌展示产品奢侈属性所特有的方式。一只拥有铂金表壳和钛金后盖的奢侈表，为了炫耀，通常都会把表壳和后盖露出来，但和域却决定将表壳和表后盖上加上一层涂层。

UR-203 拥有一枚十分有意思的机芯，体现出品牌俏皮的天性。和域为机芯的这套自动机械装置设计了一个开关，通过开关可以降低自动转子的旋转速度，甚至可以让转子停止旋转。为何要这么设计呢？如此设计的目的是让用户在"极端佩戴环境"下，得以减慢转子的旋转速度，或让其停止旋转。

除能显示时间外，手表表盘上还有另外两项有趣的功能。表盘左侧有一个保养指示器，提示佩戴者何时需要返厂保养。表盘右侧有一个类似里程表的指示器。指示器与机芯协同运转，显示手表总运行时长，时长上限为 150 年。和域总共只造了 20 只 UR-203 手表。

麦斯米兰：钟表学机器四号最终版
MB & F: Horological Machine No.4 Final Edition

$230,000

钟表学机器系列是由品牌麦斯米兰（MB & F）制造的可佩戴机械艺术品。每一件艺术品都出自巴泽尔对机械时计的热爱与他视觉艺术品位的结合。巴泽尔在少年时期就受到他钟爱的机械时计的启发。作为一家专门聚焦先锋奢侈品手表的品牌，麦斯米兰的成功受到了很多同行的羡慕。

如果艺术展中展有世界级艺术家的最新作品，必定能吸引众多想先睹为快的参观者。同理，巴泽尔也在全球收藏家和媒体领域培养出一批忠实的簇拥者者，渴望能率先欣赏到巴泽尔的最新作品。这位制表师掌握着大师级的故事叙述技巧，可以说每一位购买了麦斯米兰手表的人，同时得到了巴泽尔的独特个性。

钟表学机器的第四代作品（HM 4）推出于 2010 年，昵称为"雷电"。手表灵感源自军用飞机，表壳主要由两个部件组装成，部件外形类似飞机机舱，收藏家则习惯称其为"引擎"。两个表盘中一个显示机芯的动力储备，另一个显示小时和分钟。手表内含有一枚独特的机芯，机芯灵感源自科幻小说中的太空飞船。手表主要采用钛金属制成，表壳中部分采用精密切割的合成蓝宝石水晶，蓝宝石水晶的设计是为了让佩戴者便于观察到机芯。

HM 4 的外观与现存的任何一只手表都不一样，手表还拥有可动表耳栓，以适应佩戴者手腕的粗细，带来更舒适的佩戴体验。和过去的汽车表类似，想看时间需从手表侧面而非正面观察。麦斯米兰在之前的时计上也采用过这种设计。

人们对任何独特事物的评价都是褒贬不一的，对钟表学机器四号这只腕表也不例外。手表的制作工序极为复杂，同时含有大量定制元素，麦斯米兰表示每个月只能生产两只 HM 4 手表，总共仅生产了 100 只。

"雷电"只是 HM 4 的首个版本，之后还有几个不同版本的 HM 4。HM 4 最终版则于 2013 年推出。HM 4 最终版的 8 只时计（以凑满计划发行的 100 只）以隐形飞机的名字命名。钛金表壳被涂成黑色，两面表盘还分别配有罩子，让旁人难以看到手表时间。

4N：4N-MVT01/D01

$235,000

4N 的第一只，也是该品牌目前唯一一只手表为 4N-MVT01/D01，手表的名称很具迷惑性。该时计的设计初衷是想利用机械机芯，达到数字显示时间的目的。虽然此前已有其他时计采用不同技术达到了同样效果，但是 4N 在 4N-MVT01/D01 上实现这一目标的方式却显得尤为特别。为了数字显示时间的效果，制表师在表盘中央组装了接近 12 个圆盘。表盘剩余部分都是开放的，可以观察到机芯及其零部件。

为实现量产，4N 花费数年时间使机芯日臻完善。在传统的圆盘式手表上，指针的速度虽然慢，但还是在不断转动。4N-MVT01/D01 的不同之处在于，手表的圆盘每次移动的时候，都要"跳"一下。出于一系列技术方面的原因，圆盘能够每次都"跳"得准成了制造机芯时的一道技术难题。为了完成 4N-MVT01/D01，4N 最终咨询了大师级手表设计公司 APRP。

4N 总共只生产了 16 只 4N-MVT01/D01 手表，最后一只完成于 2013 年。宽大的表面看起来就像是电视机屏幕。手表可供买家选择材料，包括 18K 白色金、铂金和钛金。手表机芯每上链一次可运行 10 天。

豪朗时：HL2.2
Hautlence: HL2.2

$240,000

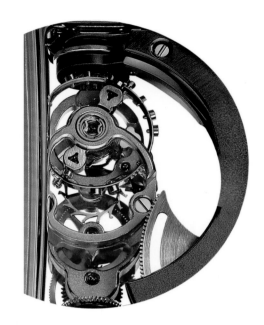

2005 年，豪朗时（Hautlence）推出了品牌的首款可运行原型表。两年后，这家奇特的品牌又推出其首款时计，首只时计的表壳外形酷似电视机屏幕，表面的风格偏复古未来主义。手表极具个性，誓要与常见的表盘式手表划清界限。小时数显示在一面圆盘上，透过一扇窗口才能看到，而分钟则通过一个逆跳圆盘显示。这只手表贴合品牌个性，豪朗时在随后推出的手表中也曾多次使用这一主题。

2010 年，豪朗时推出了一款极具野心的原型时计：HL2.0。手表的矩形表壳被一整块蓝宝石水晶包裹，而且手表还含有一枚创新性的机芯。手表以品牌标志性的方式显示时间，小时数显示在一根类似坦克履带的传送带上，一叠擒纵像理发店旋转彩柱那样，不断旋转。

为推出 HL2.0 这只手表，品牌花了两年时间，最终提供给买家 HL2.1 和 HL2.2 两种型号。手表上采用了多项受保护的专利，同时该时计使得豪朗时这一高端品牌更上一层楼。手表拥有一枚全新的机芯，不仅实用，而且美观，使机芯既能吸引到收藏家，又能吸引到普通爱好者（前提是两者都足够有钱）。这对一款实验性质的手表来说很少见。

当 HL2.2 手表小时计数改变时，若去观察手表的机芯，会发现小时标记系统与擒纵里的一根柱子相连，柱子的旋转带动了小时标记的转动。这和陀飞轮的运转方式类似，同时在表面上呈现出一幅动态画面。手表机芯可自动上链。表壳的后侧藏有一枚小型微转子。

HL2.2 是现代机械制表技术的产物，其设计理念背后则是计算机辅助手表设计和传统发条驱动机械之间的平衡。HL2.2 手表限量生产 28 只。

萧邦：L.U.C 长形陀飞轮
Chopard: L.U.C Tourbillon Baguette

$240,000

在手表行业有这样一种说法：有的表价格高是因为本身复杂，有的表价格高是因为采用了宝石和珍稀材料，而这两种表不应该混在一起。也就是说，如果一位顾客想炫耀自己的财富，一只镶有宝石的简单（从机械复杂程度来说）机械表就够了。反过来说，一位对复杂机芯感兴趣的藏家，对镶有很多宝石的手表则有多大兴趣。

这些刻板印象通常有可能是对的，但是这样的想法无法代表整个手表市场，因为有很多高端消费者对两种表都青睐有加。作为一家同时生产珠宝和手表的品牌，萧邦推出的 L.U.C 长形陀飞轮（L.U.C Tourbillon Baguette）手表显然是珠宝和手表两个世界的跨界作品。

顶级萧邦手表的名字里都带有"L.U.C"字样。L.U.C 实际上是品牌创始人路易－尤利西斯·萧邦（Louis-Ulysse Chopard）的名字首字母缩写。L.U.C 前缀意味着这只手表的机芯是萧邦自家生产的。自 1996 年起，L.U.C 的前缀开始出现在顶级萧邦手表的表名中。

萧邦表通过尝试加入一些额外功能的方式，将 L.U.C 陀飞轮与其他陀飞轮男装腕表区别开来。手表机芯动力储备达 216 个小时（低于 12 小时会有提醒），也就是说每上一次发条手表能走一个星期。萧邦的这款机芯准确性非常高。为了证明有多准，萧邦还为每只表都申请了瑞士天文台精密计时钟表证书（每块表只有在通过了准确度测试之后才能得到证书）。

尽管 L.U.C 陀飞轮手表本身就足够吸引人了，但萧邦还是选择继续生产手表的限量版。限量版手表的表面镶满了钻石。手表表盖、表面和表冠上镶有超过 300 颗方钻，几乎看不到手表的 18K 白色金表壳。萧邦在手表上镶嵌了超过 27 克拉的宝石，同时保证手表外形高贵优雅、时间显示清晰可见。萧邦限量生产了 25 只 L.U.C 陀飞轮手表。

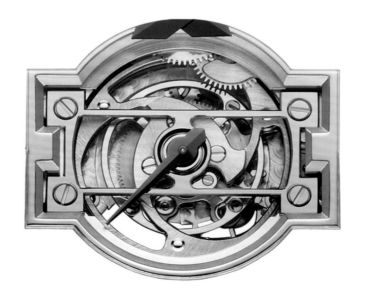

麦斯米兰：钟表学机器三号珠宝机械手表
MB & F: HM3 JwlryMachine Watch

$250,000

虽然成立时间不长，但 2004 年创立的日内瓦手表品牌麦斯米兰一直声称自己生产的不是手表，而是"钟表机械"。虽然麦斯米兰的手表年产量只有几百只，但其作品既是时计，又算得上艺术品。品牌的特色是与其他品牌合作产表。

品牌名 MB & F 实际上是"麦斯米兰·巴泽尔（品牌创始人）和朋友们（Max Busser & Friends）"的英文首字母缩写。2010 年，麦斯米兰与巴黎手表与珠宝品牌宝诗龙（Boucheron）展开合作，宝诗龙把麦斯米兰享誉盛名的钟表学机器三号（Horological Machine No.3）改造成了一只猫头鹰形状的限量款高端珠宝手表。宝诗龙经常从动物世界里获取灵感。珠宝机械（JwlryMachine）系列有两款时计。其中一个版本采用紫水晶打造，带有 18K 白色金和钛金属表壳；另一个版本是粉色的，使用石英，表壳则采用 18K 粉金和钛金属打造而成。

为呈现更好的装饰效果，手表还镶嵌有钻石。手表拥有一枚非常独特的机芯，透过两个工字轮来显示时间。两个工字轮被设计为猫头鹰的一双眼睛。左眼显示分钟，右眼显示小时。截至 2013 年，珠宝机械系列是麦斯米兰制造的唯一一款女表。

伯哈德·雷德勒：加加林陀飞轮
Bernhard Lederer: The Gagarin Tourbillon

$260,000

2011 年，为纪念史上尤里·加加林进入太空这一壮举，备受尊敬的表匠伯哈德·雷德勒（Bernhard Lederer）推出了一个全新高端手表系列。加加林于 1961 年进入太空，并成为首个完成绕地球飞行的人类。手表的发布日期也是精心挑选过的，选择在该事件 50 周年纪念日当天。毫无疑问，加加林陀飞轮（The Gagarin Tourbillon）在以一种高端的方式致敬这位太空宇航员和苏联的太空计划。

多年来，这款手表推出过多个版本，其中首发版手表的表壳材料为铂金。表壳上还专门设计了一只可折叠放大镜，方便佩戴者观察手表陀飞轮的细节。

手表的主要特色是安装在一只机械臂上的陀飞轮，陀飞轮会绕着表面逆时针旋转，每转一圈需要 108 分钟。这也是当初加加林在太空绕地球转一圈所用的时间。东方号火箭将加加林送入太空，火箭的名字被刻在了陀飞轮框架上。

手表的设计借鉴了历史上的导航器具。表盘的刻度记载了加加林在驾驶火箭胶囊仓时经过的一些主要地点。表盘上的纪念文本记载了加加林历史性飞行的更多细节。

各种太空与近地飞行器曾创下很多成就，很多表匠都会制作时计来纪念这些成就。在这类表中，加加林陀飞轮是最高端的腕表之一，由于既不是飞行腕表，也不是太空腕表，这块表得以在同类手表中脱颖而出。

路易威登：神秘鼓
Louis Vuitton: Tambour Mystérieuse

$265,000

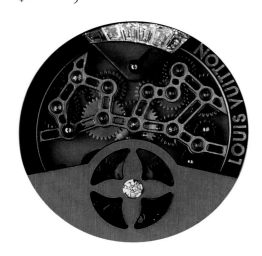

神秘鼓腕表（Tambour Mystérieuse）是路易威登进军超高端制表行业的首次尝试，尽管品牌已经低调地在其精品店中推出过一定数目的奢侈品手表，而且这些表的价格也在可接受范围内。但 2009 年推出的这只手表结合了瑞士手表制造工艺和法国历史悠久的时计制造传统。

生产神秘鼓的专家全都受雇于路易威登，手表用"神秘展示"来纪念历史上这一备受追捧的时间显示方式。20 世纪早期，另一家位于巴黎的奢侈品牌卡地亚通过制造神秘钟大获成功，但是"神秘展示"这一概念在此之前就已存在。神秘钟的原理是，一些表盘元素并非完全透明。对于大多数神秘钟来说，所谓神秘之处，在于指针是如何与表相连的，因为指针看起来好像悬浮在空中一样。

在这款手表上，悬浮的不仅是指针，还有整枚机芯。观看表面时，会发现机芯相对偏小，还有延伸出去的臂，看起来就好像是漂浮在表壳中央。之前从未有任何一只表能有这样的效果，诀窍在于手表所采用的透明蓝宝石水晶圆片。这样不仅能固定住机芯，圆片还能旋转，从而可以调校机芯，或给机芯上链。

机芯被设计成类似三明治的样子。机芯中有各种圆碟，还有很多臂从其中伸展出去，在机芯和表壳之间的空间移动。路易威登的机械设计使得它拥有长时间的动力储备。出于迎合热爱品牌的东方客户的考虑，手表每上一次发条能走 8 天 8 个小时，因为在一些东方文化中，数字 8 代表着财富。

如果没有路易威登特色箱包，那还算路易威登吗？路易威登想将这块手表和其较为流行的箱包联系起来，所以还为手表专门设计了一个展示盒。此外，品牌还为这块表和后续推出的高端奢侈品手表买家提供额外的定制服务。客户可以为购买的这款手表选择材料，还可根据买家性别来选择手表装饰风格。

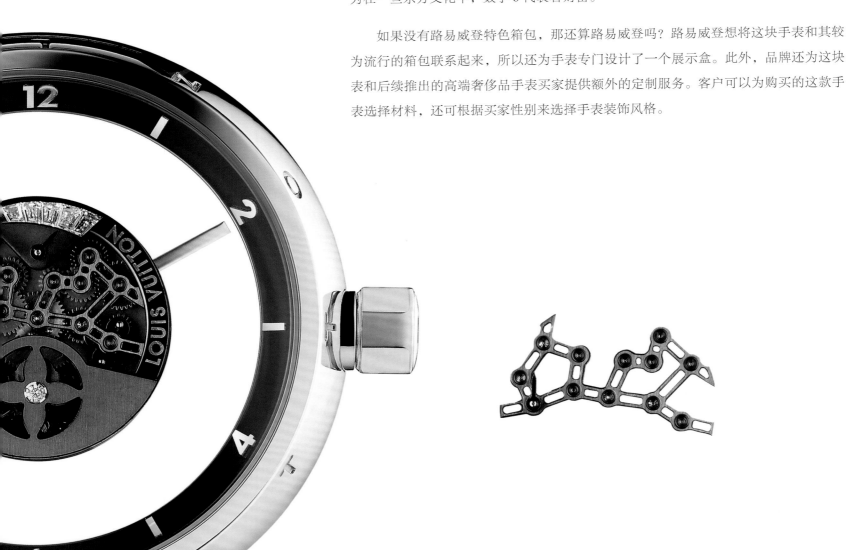

积家：双翼双轴立体陀飞轮腕表
Jaeger-LeCoultre: Duomètre Sphérotourbillon

$270,000

如果一家奢侈品手表品牌由一群有权完全按照自己意愿制表的工程师运营，会发生什么呢？可能的结果就是出现由瑞士品牌积家（Jaeger-LeCoultre）制造出的双翼双轴立体陀飞轮腕表（Duomètre Sphérotourbillon）。积家将其特有的机械工艺和高端手表买家的需求结合在一起，这款高度复杂的腕表才得以诞生。手表旨在引起视觉兴趣的同时，给藏家们带来一丝惊愕。积家于2012年推出这只前所未有的手表。

描述双翼双轴立体陀飞轮腕表表面的运转画面是一件很有挑战性的事情。就连积家自己在描述这款手表的功能时也曾词穷。一般陀飞轮就是一个摆动器，组装在一个很小的陀飞轮框架里。框架会每分钟自转一次。为让手表走得更准，很早之前表匠们就研究出了陀飞轮，如今陀飞轮主要是作为视觉奇观，出现在奢侈品手表上。积家的优势不光是造出了具有视觉魅力的陀飞轮，其高超的机械调校水平，更使积家的手表比普通机械表要准得多。

这款积家手表的陀飞轮位于表盘的开放区域。这枚旋风陀飞轮不仅能像普通陀飞轮一样每分钟自转一次，还能在倾斜20度的情况下继续旋转。一般陀飞轮都会有一面扁平的游丝，但是这块手表的游丝形状却酷似工字轮。手表游丝位于摆轮内部。

要想理解积家为何要设计这些异乎寻常的陀飞轮，首先要理解陀飞轮在现代奢侈品手表领域的地位。陀飞轮不仅难以制造，而且极富视觉魅力，还是佩戴者地位和财富的象征。积家有能力制造出像双翼双轴立体陀飞轮腕表及类似的一系列异乎寻常的陀飞轮，这使积家在等级森严的"超级手表"高端市场中占据一席之地。

手表机芯基于积家的双翼（Duomètre）机芯设计理念而制造。这种机芯为手表计时和其他功能分别配有各自的主发条。据积家介绍，这样的设计使手表计时功能和其他功能之间不会产生干扰，从而提高了手表的准确性。表盘上显示有每一发条匣的动力储备。同时表盘上还显示着其他功能，包括24时指示、跳动日期显示，此外还有具备"跳秒"功能的秒针表盘，可通过按动表壳上的按钮瞬间让秒针归零，从而更精确地调整时间。

卡贝斯坦：竖直绞索陀飞轮腕表
Cabestan: Winch Tourbillon Vertical

$275,000

原来船只的起锚机也可以成为世界上最富创意的奢侈品手表的灵感来源。起锚机是用来将航船上的绳索或缆线绞起来的一种绞盘。水手们会在起锚机上插上把手，通过将绞盘朝一个方向旋转的方式将绳索和缆线绞起来。绞盘通常会用来拉动一些很重的东西。

品牌名称"Cabestan"在法语中有"起锚机"的意思。品牌推出的首款手表为"竖直绞索陀飞轮腕表"（Winch Tourbillon Vertical）。手表设计完成于 2006 年。两位手表设计师在手表界非常出名，也非常古怪。过去 10 年中，两人负责设计了行业中最具颠覆性的手表。两人中的其中一位是设计师兼表匠维亚内·阿勒特（Vianney Halter），在其诸多成绩中，阿勒特最为显著的成就，要数通过手表古董（Antique）将蒸汽朋克的概念引入奢侈品世界。另一位是让－弗朗索瓦·胡尚内（Jean-François Ruchonnet），他是一位魅力超凡、涉猎广泛的设计师。他为泰格雅豪设计的手表摩纳哥 V4（Monaco V4）收获好评无数。摩纳哥 V4 手表机芯的灵感源自汽车引擎。

图片中这只手表的设计师不仅将手表设计成了绞盘的模样，就连手表的运转方式也与绞盘类似。佩戴者借助一系列传动鼓来确定时间，手表所有部件都是竖直的，而不是像常见手表那般将零件水平安置。手表不仅有陀飞轮，还有一套芝麻链传动系统，两者都可以透过手表的双层蓝宝石水晶观察到。

机芯的制造难度异常高。最终能完成制造，还多亏一位名叫埃里克·库德雷（Eric Coudray）的制表师。正是埃里克为知名手表品牌积家开发出的球型陀飞轮系列手表（Gyrotourbillon），才让机芯最终得以完成。几乎每一只竖直绞索陀飞轮手表都是由埃里克手工完成。

手表既没有表冠，也没有调整时间的机械装置，所以必须借助另一套小一号的绞盘装置，才能给手表上发条或修改手表时间。这个小装置本身就有超过 40 个部件。因为佩戴者容易弄丢这一小部件，所以卡贝斯坦之后又重新设计了这款表，新款手表让佩戴者不借助这一小设备也能给手表上发条。

胡迪·席尔瓦: RS12 豪艺制表师和谐振荡器腕表
Rudis Sylva: RS12 Grand Art Horloger Harmonious Oscillator

$276,000

机械制表师中只有很少一部分才会关注如何提高手表的准确性。当然情况也不总是这样。在手表的漫长历史中，表匠们的精力有很大一部分集中在提高手表的准确度与可靠性上。20 世纪 80 年代时，行业格局因成本低廉且十分准确的石英电子机芯的出现而发生改变。机械表成为艺术品与收藏品，同时是身份的象征——在这种情况下，手表的准确度反而显得不那么受重视了。

但是，还是有精益求精的制表师，认为在提高机械表准确性上的努力是值得的。瑞士精品手表胡迪·席尔瓦（Rudis Sylva）就是这样的一家品牌。对制表师而言，一些手表准确性的技术难关已存在数百年之久，胡迪·席尔瓦无法抗拒挑战并解决这些难题的诱惑。

历史上曾有很多用来提高手表准确度的技术，这些技术里有的是有效的，有的则没那么有效。其中最著名的可能要数摆轮和游丝（两者共同构成了摆动器），几乎所有的手表都包含这两个部件。在摆动器上的所有改动中，最值得注意的要数于 18 世纪末开发出的陀飞轮技术，其发明者是亚伯拉罕 - 路易·宝玑（Abraham-Louis Breguet）。陀飞轮技术在超高端手表中很受欢迎，但讽刺的是，陀飞轮的应用只能提高腕表的格调和观赏性，对准确度却没有多少提升。

胡迪·席尔瓦开发出一套独特的系统，将传统陀飞轮引入了一个全新的方向。品牌将该系统命名为"合谐振荡器"（Harmonious Oscillator），2009 年首次亮相。其所应用的原理至少有一条，在大多数表匠看来属于异端：大多数手表的摆轮设计都会尽可能地减小摆轮在摇摆过程中所受的阻力，因为小如空气阻力都能影响摆轮的准确度。然而，在合谐振荡器中，有两个摆轮借助边缘的一系列齿轮齿连在一起。这是如何实现的呢？

因为两个摆轮是连在一起的，所以当其中一个摆轮摆动时，另外一个也会一起摆动。轮子的摆动频率是每小时 21,600 次，整个装置会像陀飞轮那样自转起来。胡迪·席尔瓦表示该系统使得摆动频率完全一致。相较于其他手表，该系统使手表的准确度大幅提高。

胡迪·席尔瓦的每一只表及机芯都由手工制造，并经手工装饰完成。品牌出品的这只手表还采用了另外两项工艺。手表的开放式表面使得欣赏时能看到机芯，表盘和基板还雕刻有麦穗装饰图案。合谐振荡器同时是手表的秒数指示器，而小时和分钟则显示在表盘上。

表壳的背面绘有珐琅日晷。尽管 RS12 机芯有着现代机械构造，但是手表的整体设计旨在回顾制表业的历史，追溯至借助日光来判断时间的年代。

真力时：学院克里斯托弗·哥伦布系列飓风腕表
Zenith: Academy Christophe Colomb Hurricane

$280,000

2005 年以前，陀飞轮作为复杂功能很少出现，在那以后则变得十分常见。陀飞轮曾代表机械表的视觉艺术和技术工艺的巅峰。众多品牌纷纷各自开发出自己的陀飞轮，最终导致品牌需要对陀飞轮进行创新，以使自家的陀飞轮能脱颖而出。

瑞士制表品牌真力时突发奇想，研发出了陀飞轮的替代方案。替代方案原被称为"零重力陀飞轮"（Zero Gravity Tourbillon），尽管装置本身并不是陀飞轮。陀飞轮是一套由擒纵机构和摆轮组成的自转系统，而真力时开发出的零重力陀飞轮虽然也由擒纵机构和平衡轮组成，但是两者却被组装在一个带砝码的框架里，所以不管如何放置手表，零重力陀飞轮都是竖直的。

这种零重力方式组装的摆轮所带来的观赏乐趣不输陀飞轮。整套系统呈球形，显而易见地组装在手表泡泡中。拥有这一特征的真力时手表的最特别之处，是由表面上方蓝宝石水晶上延伸出来的大圆顶。

真力时以此复杂功能为基础，推出了克里斯托弗·哥伦布（Christophe Colomb）这个手表系列。飓风（Hurricane）是学院克里斯托弗·哥伦布（Academy Christophe Colomb）系列中对工艺要求最高的一款手表。手表的 18K 玫瑰金表壳宽 45 毫米，表壳虽然大，却很优美，可透过表盘清晰地看到手表机芯。

除了其独特的不倒翁式的擒纵，手表还有另一套复杂的机械机制，被称为芝麻链传动系统。芝麻链传动系统由来已久，几百年前业已存在。系统包含类似自行车链条的传动链，将来自主发条匣的动力传送至机芯其他的部件。传动链手工制造，拥有超过 580 个零件。整个机芯的零件数目超过 1,000 个。机芯属于真力时久负盛名的星速（El Primero）机芯系列。该系列的机芯都聚焦于提高手表的准确度。

这只手表工艺精湛、设计精美，受到藏家的青睐。真力时只生产了 25 只学院克里斯托弗·哥伦布系列飓风腕表。

昆仑：全景金桥陀飞轮
Corum: Golden Bridge Tourbillon Panoramique

$283,200*

昆仑原创手表金桥（Golden Bridge）亮相于 20 世纪 80 年代，手表秉承品牌的一贯特色，即绝不制造容易和其他品牌混淆的手表。时至今日，这也成为了昆仑手表的一大特色：辨认昆仑表，一阅见分晓。

因为金桥手表结构简单，便于观察与理解，所以手表让人第一眼看过去就感觉很美观。品牌为手表安装了一款纤细且呈竖直线状的机芯，使手表看起来赏心悦目。事实证明，金桥手表的机芯对于人们理解机芯运行的原理非常有帮助，昆仑甚至表示，现在瑞士的一些制表学校将昆仑手表的机芯用于教学。

正如手表名金桥揭示的，手表的金质主甲板从手表中央起，像一座桥一样将机芯固定住。但是图片中全景版本手表上却根本看不到所谓的桥，或者说基板。昆仑所设计的全景陀飞轮（Tourbillon Panoramique）使用透明蓝宝石水晶制作夹板，这和金桥系列其他手表相比很不一样。但是，这款手表与其他金桥手表也有类似的地方，即整个轮系都是线性排列在一起，外加陀飞轮式擒纵，这使得手表价值进一步激增。

合成蓝宝石的夹板虽然强度高，但是却容易碎。单单在将机芯安装到手表这一过程中都可能出现夹板损坏的情况。表匠扭紧螺丝的行为都有可能会损坏手表部件。昆仑只生产了 20 只限量版全景金桥陀飞轮腕表，其中 10 只用钻石加以装饰。

---

*　标价为钻石密镶版本的价格。

罗伦斐：鹅卵石隐秘陀飞轮双游丝梅森腕表

Laurent Ferrier: Galet Secret Tourbillon Double Spiral Meissen

$284,000

制表师罗伦斐（Laurent Ferrier）早年曾在顶级手表公司百达翡丽担任制表师兼设计师，在为百达翡丽工作了一段时间后，于 2010 年创立了属于自己的同名手表品牌。很多制表师在为一家品牌工作一段时间后都会选择这样一条道路。现代独立制表人还是一个刚刚兴起的概念。在 20 年前，这完全是不可能的事。科技的发展，使得制表师能够利用计算机辅助科技与互联网来生产手表零部件。很多人认为，正因科技发展带来的种种便利，小型手表厂商才得以崭露头角。

然而，罗伦斐所选择的道路并没有那么与众不同。相反，他的手表设计风格十分传统。其首款手表是鹅卵石古典陀飞轮双摆轮游丝腕表（Galet Classic Tourbillon Double Balance Spring），虽然这款手表看起来似曾相识，但是其组装、表面抛光和对细节的把握都达到了令人咋舌的程度。在很多藏家眼中，这款手表是传统主题奢侈品手表的巅峰之作。

表名中"galet"在法语中意为"鹅卵石"，指代表壳圆润的线条及顶级的抛光效果。这使得这款手表不仅佩戴起来更为舒适，也显得更加典雅。传统规格的表面上多有复古风格的珐琅彩绘，却以现代的方式呈现出来。当一些藏家在追求独特或者先锋的手表时，罗伦斐的手表仍旧能吸引到那些追求精致的藏家们。

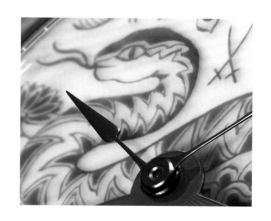

手表名中的"double balance spring"意指表中与摆轮相连的两根游丝。摆轮还和一个陀飞轮装置相连，陀飞轮使整个振荡器得以自转。手表内部的机械构造能透过表的背面观察到，其散发出的机械魅力和美感吸引着诸多藏家。罗伦斐不乏一些机械小窍门或吸引人的独到之处。基于鹅卵石古典陀飞轮双游丝腕表的风格理念，品牌在鹅卵石古典隐秘（Galet Classic Secret）系列手表上展示了一种新潮的概念。表面上方有一扇可展开的扇形圆盘，相当于给手表加上了另一幅表盘。可以通过按动表冠上的一个按钮使圆盘收起来，此外，表盘还能每天自动收起一次，圆盘自动收起需要 1 个小时的时间。客户可以选择具体在一天内哪个时段收起，经表匠调校后即可实现。

罗伦斐将一系列手绘珐琅艺术画"藏"在表面之后的特殊空间里。梅森系列，又称鹅卵石古典隐秘系列，是表厂与拥有近 300 年历史的知名德国陶瓷厂商梅森的联名作品。梅森因其两把相交的剑的标志而闻名，是首家复刻中国传统陶瓷技术的欧洲陶瓷厂商。

罗伦斐和梅森联名制造的中国十二生肖版鹅卵石隐秘陀飞轮双游丝机芯腕表为限量款，手表上的十二生肖图案由梅森负责完成。作为一款别具一格的时计，手表的第一层表面展开后，就能看到手工绘制完成、传统技艺烧制的珐琅彩绘。购买该款手表的多为中国客户。略显讽刺的是，虽然梅森的仿瓷画为手表增添了尊贵之感，但这些彩绘都是根据中国艺术品上的图案仿制出来的。

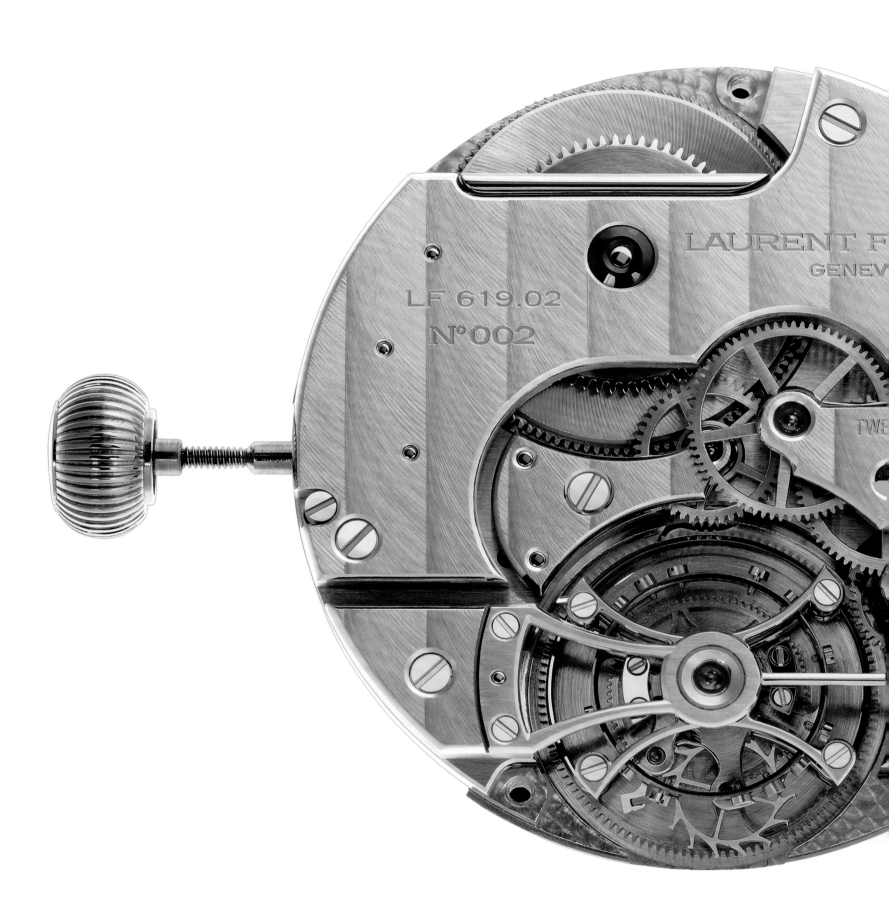

阿特利尔·德摩纳哥：大陀飞轮三问腕表
Ateliers DeMonaco: Grand Tourbillon Minute Repeater

$290,000[*]

阿特利尔·德摩纳哥（Ateliers DeMonaco）的手表都是在摩纳哥公国境内组装并修饰的。这家表厂的员工来自欧洲各地，有着欧洲各民族的性格特征。产品部件的产地是瑞士，经营品牌的管理人员则来自荷兰（他们居住在瑞士）。员工的多样性为阿特利尔·德摩纳哥的时计注入了独特的血液。品牌所生产的全都是超高端手表。

大陀飞轮三问腕表（Grand Tourbillon Minute Repeater）原亮相于2010年，这款手表体现了品牌的优势和特色。手表有圆形表壳款（Ronde）和方型表壳款（Carr）两个版本。本书图片中展示的方型表壳款全名为"方形黄金镂空大陀飞轮三问TB-RM1"（Carré d'Or Squelette Grand Tourbillon Répétition Minute TB-RM1）。这个气势磅礴的表名体现了手表的各项特色，包括黄金表壳和配有陀飞轮、三问功能的镂空机芯。

或许这款手表最受人喜爱的元素要数手工雕刻的机芯了，机芯由品牌阿特利尔·德摩纳哥自主制造。虽然这款表需要手动上弦，但该品牌也有自动上链的手表。这些自动上链的手表有着装饰精美、设计巧妙的转子，旨在颂扬摩纳哥。

阿特利尔·德摩纳哥的机芯之所以能够得到藏家们的喜爱，不仅因为品牌强调机芯的可靠性，还因为其对细节的追求。手表的三问功能由音簧和音锤组成，佩戴者启动该功能后，手表可将时间报给佩戴者。由于手表本身的导气构造，簧音绕梁，久久不绝。阿特利尔·德摩纳哥为手表的三问功能设计了一套由18K金砝码组成的消声器。机芯内擒纵轮和擒纵叉的部件由硅制造而成，选择硅而不是金属的原因是硅的可靠性更高，不需要上油进行润滑，而且不受磁场强弱或温度变化的干扰。

为保护机芯，表壳的核心由钛合金制造而成。表壳宽46毫米，制造材料为18K黄金。表面通过精确切割的罗马数字告诉佩戴者时间，呈现出镂空效果，使人们得以看到手表内部机芯。虽然阿特利尔·德摩纳哥的手表都不是限量款，却十分稀少。

* 214,000 欧元

贝蒂讷：DB28ST 腕表
De Bethune: DB28ST

$299,000

奢侈品手表的世界里有着各种各样出乎意料的事与过去的晦涩关联。一位真正的手表藏家必须一次次地挑战自己的认知，以全面欣赏手表界中各种各样的手表。就连指针是扫动还是跳动这种细节都会有不同的受众。如果问人们一块机械表的标志是什么，他们多半会指向手表的秒针——机械表的秒针都是扫动式的，而不是跳动式的。

如果一块手表的秒针是跳动式的，说明这是一块电子石英表，没有藏家想被人看见自己戴着一块石英表。尽管如此，在机械手表中有一群另类，其秒针是"死"的，或者说是"跳动"的。实际上，如果佩戴者想知道几时几分几秒，跳动的秒针反而会比扫动的秒针更有用一些。科学家们早就认识到了这一点，所以历史上很多功能性时计的秒针都是跳动式的。时至今日，在机械表中仍有一小部分像 DB28ST（还有其他贝蒂讷的手表）这样的超高端非石英手表，采用跳动式秒针。

因为 DB28ST 的表面大部分都是镂空的，所以当人们透过表面看到机芯的时候，绝不会把 DB28ST 误认作一块石英表。除手表跳动的秒针外，更加奇特的是，机芯的运行频率比大多数机械表机芯的频率要高。为什么说这点很奇特呢？因为一款手表的机芯运行频率越高，往往其秒针的运动也就越流畅。

手表体现贝蒂讷现代传统机芯的高超技艺之处，在于拥有硅质摆轮的陀飞轮。陀飞轮位于 6 点刻度的正上方，因为机芯的高频率，手表的陀飞轮每 30 秒一转，而不是常见的 60 秒一转。表盘上的刻度风格偏传统，表盘看起来却很现代。手表的表壳由打磨过的钛金制造而成。还带有一套独特的人体工学表耳，旨在提高佩戴体验。表耳连接着表壳和表带，表耳和表壳连接的部位还可以活动，使手表得以被舒适地戴在佩戴者的手腕上。

罗曼·哲罗姆：泰坦尼克 DNA 之日夜双陀飞轮腕表
Romain Jerome: Titanic DNA Day & Night Double Tourbillon

$300,300

钟表行业从业人员经常发表一些可以说是违背直觉的观点，比如"人们买表不是为了看时间"。这句话背后的意思是，因为现在手机都内置有钟表，而且数字式手表也不贵，所以人们买高端钟表肯定不是单纯为了知道时间。人们买高端手表是为了彰显身份、欣赏钟表技艺，或体现自己的风格，把手表当作时尚单品。

尽管如此，世界上最成功的奢侈品手表的表盘都很方便查看时间。虽然人们购买高端手表不单单是为了看时间，但通常还是期望用到这项功能的。很多手表爱好者认为，钟表是一种独特、昂贵的工具，其功能性也是使用感受的一个重要方面。

假设钟表界把"买表不是为了看时间"的想法发挥到极致，会不会出现一块没有时间显示的机械表呢？ 2008 年，市场上确实出现了这样一块手表，不出意料地，由瑞士先锋手表厂商罗曼·哲罗姆（Romain Jerome）制造。

从多个方面来说，泰坦尼克 DNA 之日夜双陀飞轮腕表（Titanic DNA Day & Night Double Tourbillon）都是一件非常奇怪的手表作品。比如，手表表圈的金属材料经过人为生锈处理，且含有微量泰坦尼克号残骸上提取出的金属。罗曼·哲罗姆前CEO 伊凡·亚巴（Yvan Arpa）试图在手表上使用既稀少又著名的珍稀材料。事实证明，品牌使用泰坦尼克号部分残骸是一次大胆的决定。

手表的表壳和表盖应用了一种名为"蒸汽朋克"的设计风格，这是品牌在这一风格进行的一次独特尝试。很多家品牌都做过类似的尝试，对新表进行做旧处理。尽管手表不显示时间，但手表的机械机芯还是有其他功能。

透过镂空的表面，可以看到手表的机芯和两个飞行陀飞轮。其中一个陀飞轮代表太阳，另一个代表月亮。两个陀飞轮是白天、黑夜指示器，当一个陀飞轮开始运作的时候，另一个陀飞轮便会停下来，两个陀飞轮每 12 小时交替一次。

这款表只生产了 9 只。罗曼·哲罗姆最终还是出了一款和泰坦尼克 DNA 之日夜双陀飞轮腕表相似的另一款手表，名为"日与夜二代"（Day and Night II）。这一相似款式拥有显示时间的功能。

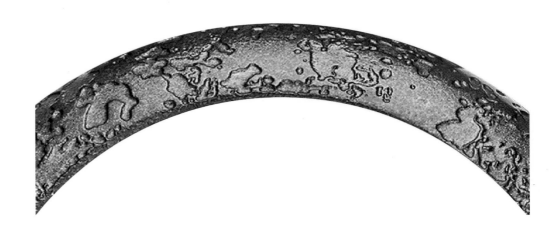

万国：大复杂功能铂金腕表型号 9270-20
IWC: Grande Complication Platinum (ref. 9270-20)

$318,000

很多男性认为，一款奢侈品手表应该既珍贵又复杂，同时应该样式经典、风格多变、功能齐全。仔细想想，这对任何产品来说都是很高的要求。为满足这一要求，一样单品不仅价格高昂，还要用上货真价实的珍稀制造材料，使其物有所值。此外，还要有一定的制造难度，产品的设计也要令人印象深刻。最后，不仅要方便佩戴，还必须具备多种功能。

同时满足这些要求的时计只有几只，因为在高端市场，品牌通过独特性获得成功，而不是迎合尽可能多的人。而且大众对于价位在 30 万美元的主流手表的需求没有那么高。假设有，其中经典的一款便是万国大复杂功能（Grande Complication）手表。在这款美观而又传统的手表的推动下，手表爱好者们开始随意佩戴世界上最为复杂的一些手表。

在这款大复杂功能推出后，万国还推出了另外几个版本，但是后推出的版本被划到万国其他产品系列里，例如葡萄牙系列。这些开创性的手表代表了万国著名产品线外少见的纯粹设计。万国想造出一款样式并不过于正式或太过精致的完美复杂男装表。表宽 42 毫米，适合日常使用，佩戴起来也很舒适。可供选择的手环配有闪亮的玻璃。

可供选择的除手环外还有鳄鱼表带，这款极富阳刚之气的全钛金手表因其精巧的用途脱颖而出。朴实的表名意味着手表集合了各项复杂功能，包括计时、万年历和自鸣。

手表的机芯产自万国在瑞士沙夫豪森的总部，该总部距瑞士与德国的边境很近，机芯的产量也很低。尽管机芯的设计初衷侧重易用性与耐久性，但是手表本身的构造却相当复杂，全机芯共含有 659 个零件。万国表示这款机芯的年产量只有 50 只。手表的万年历十分特别，除了显示日期、月份、星期、闰年，还能显示年份。手表的万年历 500 年不用校准。

这款自动上发条的机芯还具有自鸣功能，可将时间报给佩戴者，自鸣需通过按日期左边的控制杆启动。虽然表面包含的显示功能超过 10 项，但是却设计得异常好辨认，符合手表"日常高端奢侈品手表"的定位。

宇柏：MP-05法拉利
Hublot: MP-05 LaFerrari

$318,000

2012年，宇柏与汽车厂商法拉利合作，正式成为法拉利奢侈品手表的制造商和活动赞助商。法拉利的品牌价值极高，名声享誉世界。虽然法拉利曾与多家钟表厂商高调联名，但所出品的手表从未受到市场认可。宇柏希望与法拉利的合作能使双方共赢，他们做到了。

宇柏总裁让－克劳德·比弗（Jean-Claude Biver）表示，造出一款成功法拉利手表的关键在于如何将宇柏和法拉利两家品牌的特色融合在一起。在宇柏之前，其他手表品牌的做法是基于现有的手表设计，加入法拉利的标志。宇柏不愿犯下类似错误，于是选择了一条新的道路，事实也证明了这一决定的正确性。大爆炸法拉利系列（Big Bang Ferrari Collection）一经推出便广受欢迎。这款联名手表既代表两家品牌的合作精神，又代表着两家公司的技术实力，因此注定是高度复杂的。

MP-05法拉利手表属于宇柏旗下大师之作（Masterpiece）系列，手表名字与汽车品牌法拉利同名。对汽车爱好者而言，手表灵感源自法拉利跑车的发动机仓；对手表爱好者而言，手表拥有最长的动力储备，没有之一。

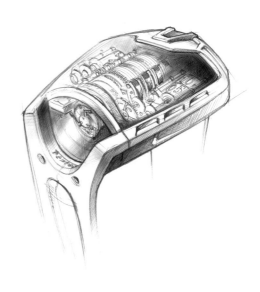

绝大多数机械表的动力够手表运行两天左右。机械手表的动力来自上弦的发条，通过发条慢慢退卷提供动力。动力储备在3天到10天的手表也有，而动力储备超过10天的手表市场上大概就3只，其储备约1个月左右。宇柏的目标是让手表的动力储备比1个月还长。经过大量研发，这款手表的机芯得以储备手表运行50天所需的动力。

为实现这一目标，宇柏必须将11个主发条闸叠在一起。设计这样一个系统的精妙之处在于如何让这些主发条闸慢慢退卷，释放其势能，以保证手表的准确度。时间显示在表面右侧的传动鼓上，表面的左侧则显示着手表的动力储备，让佩戴者知晓何时该给机芯上弦。宇柏无法抵抗在手表内安置机芯的诱惑，透过表盖的底部可以看到手表水平安置的机芯，位于一层层发条的下方。

给这只手表上弦无疑是一件很麻烦的事，更何况手表还没有表冠。于是，宇柏为手表加入了一支特制的钻，用它来给手表上发条。手表限量生产50只。

罗杰·史密斯：陀飞轮四号孤品腕表
Roger W. Smith: Unique Tourbillon No.4

$324,000

爱尔兰和英国隔海相望，制表师罗杰·史密斯（Roger W. Smith）就住在位于爱尔兰海的曼岛上。尽管岛上居住的制表师不止他一名，但是藏家们都认为，多亏了伟大的罗杰·史密斯，英国传统制表技艺才得以传承。制表师们通常都离群索居。拿瑞士举例，大多数瑞士制表师都住在山中小镇里，远离城市生活的喧嚣。而当日本人想要营造出"欧洲风"的制表环境时，他们多半会在远离城市的山区建立起工作室。想要以传统工艺制造出一款传统机械表，宁静祥和的环境似乎是必不可少的。

为了便于制表，制表师可能真的需要在一个放松、慢节奏的环境中工作。因为制表这个过程本身就需要大量的时间。例如，为手工打造陀飞轮四号腕表（Tourbillon No.4），罗杰·史密斯花费了两年时间。事实上，罗杰·史密斯每年最多生产 12 只手表。他没有雇太多员工，大部分行政工作都由他的妻子完成，他自己则专注于其激情所在，做自己擅长的事情——制表。

读完英国著名制表师乔治·丹尼尔斯（George Daniels）的著作《制表》（Watch making）后，罗杰·史密斯响应时计学的号召，投身制表这门手艺。罗杰想成为丹尼尔斯的学徒。起初，这一请求遭到了丹尼尔斯的拒绝，因为丹尼尔斯曾立下不招学徒的规定。

但在史密斯向丹尼尔斯展示了自己精湛的制表工艺后，他证明了自己的价值。这段往事被丹尼尔斯记录在他的书中。丹尼尔斯也意识到需要有人将他的事业和对英国传统制表工艺的钻研精神继承下去，因此丹尼尔斯最终决定雇佣史密斯，二人也从此结下了深厚的情谊。

作为老师，丹尼尔斯很细心，有时候甚至称得上严厉。但也因此，学生最终得以继承老师的事业。如今，史密斯因自己的才干受到人们的尊敬，而且也已形成了自己的风格。但他还是会刻意模仿自己老师的作品（乔治·丹尼尔斯一生所制造的手表不超过 40 只）。

丹尼尔斯于 2011 年去世。同年，罗杰·史密斯推出了他所有手表中最为重要的一款，这款手表受一位私人客户定制。表匠将它简单命名为"陀飞轮四号"腕表（Tourbillon No.4）。手表表壳采用 18K 红金制成。时计拥有陀飞轮、动力存储显示和日期显示功能。陀飞轮四号完全经手工打造而成，所有的零件都利用传统工艺、经手工精心制造并装饰完成，整个过程只借助了手工操纵的机器。

手表简约而美观，用罗杰·史密斯的话来说，这块手表很"低调"。他补充说："英国制表设计风格全都偏低调。"这样的一只手表是藏家们梦寐以求的，因为手表不仅受私人定制，手表背后还有一个著名的故事。手表经典而优雅的设计，提醒着人们一款全手工手表的巨大价值。

迪威特：学界陀飞轮恒定动力腕表
De Witt: Academia Tourbillon Force Constante

$324,300*

如果一位狂热爱好者描述一块手表的方式和男性描述期望中的女性形象一样，一定很令人吃惊。每每有男性觉得自己对女性性格了如指掌，对女性心理加以评论的时候，总会有新的问题出现，让男性发现自己其实也没那么了解女性。类似情况在钟表世界中也会出现。钟表世界中最重要也是最容易被忽视的技术之一，便是"恒定动力"。

为保证手表的准确性，尤其是主发条松开过程中手表的准确性，制表师遇到了困难。这很好理解：发条上满时的功率（转矩）大于其马上就要上链时的功率。这个问题的成因很简单，但解决起来却很有挑战性，即如何在手表动力储备不断下降的过程中，保证手表的准确性。

大部分机械时计没有这样的机械装置来确保主发条在松开过程中，发条对擒纵机构的输出功率恒定（擒纵机构是手表调节功能的核心）。所以，每次给手表上弦时，不能上太满。用汽车来类比：如果每次给车加油时都不能加满，而且每次油量只剩1/4的时候就必须再次加油，实在是很麻烦。

理解了这一点之后，也就不难理解机芯设计的难题。所以说，如果手表机芯能保证主发条对擒纵机构的动力恒定，将是一个很实用的功能。迪威特（De Witt）在设计学界陀飞轮恒定动力腕表（Academia Tourbillon Force Constante）时，实现了上述功能。

讽刺的是，手表的时间显示功能反而被边缘化到表盘上方。表盘的右侧露出了恒定动力机械装置，紧挨着该装置的是手表的陀飞轮式擒纵。手表实现恒定动力的方式是将主发条所做的功先传导到一套中间系统，而不是如常规般直接传到手表的擒纵上。不论主发条的转矩是多少，中间系统首先收集主发条所做的功，然后以恒定功率不断对擒纵做功。

为让时计持续保持准确，多个世纪以来，制表师们在这一领域进行了大量实验，其中恒定动力机制受到藏家们的喜爱。学界陀飞轮恒定动力腕表就是上述众多系统中的一种可能。标志性的垛口式表圈，证明这是一只迪威特腕表时计无疑。

和域：UR-CC1 眼镜王蛇腕表
URWERK: UR-CC1 King Cobra

$328,000

像和域这样的精品瑞士手表品牌的天才之处在于其疯狂的设计。手表 UR-CC1 的诞生，既不符合计时工具发展的逻辑，也无法通过将艺术和传统精品手表装饰结合的思路来预测。这款被称作"眼镜王蛇"的手表，其灵感来源有三重：相对普通的老式轿车、难以理解且非商业目的的钟表学实验，以及钟表品牌追求与众不同的癖好。

这款手表之所以有"眼镜王蛇"这一别名，完全是因为和域喜欢以自然界中一些可怕的捕食者（通常都是爬行类或者蛛形纲的动物）的名字命名。从另外一个角度来说，手表时、分、秒的显示方式是进度条式的，而不是常见的表盘式。

作为一家手表品牌，和域的兴趣不光是重新定义手表机芯制造方式，还有手表时间的显示方式。常见的钟表大多都是表盘式的，正因如此，这款手表的设计就显得极具挑衅意味。在设计这款手表时，和域想让手表以进度条的方式显示。这样做也体现了时间不可回溯的特性，而不是像表盘式手表那样，指针不断绕圈。

手表时间的显示方式借鉴了道奇和沃尔沃 19 世纪中期车型的仪表盘，在设计手表时，和域思考该如何将汽车的仪表盘显示方式移植到钟表上。虽然戴起来很舒服，但是手表的表壳和表面与大多数手表的表壳和表面完全不一样。霓虹绿的进度条和 18K 白色金的表壳形成了强烈反差。有一个版本的眼镜王蛇手表还在白色金表壳的表面涂上了一层黑色涂层，这样一来只有佩戴者真正知道表壳材料是什么。

从下至上，三幅风格各异的表盘分别显示着小时、分钟和秒数。小时和分钟读数是数字与线性双显读数。手表后侧以一种更为优雅的方式显示时间。

UR-CC1 的机械机芯专为这款手表制造而成。手表的设计使佩戴者得以从各个角度透过蓝宝石水晶窗口查看时间。手表最早推出于 2009 年，和域总共只生产了 50 只 UR-CC1 眼镜王蛇腕表。

格拉汉姆：星象仪陀飞轮腕表
Graham: Tourbillon Orrery

$330,000

手表行业是一个学习晦涩术语的好地方。这只手表名字中的"Orrery"意为星象仪，星象仪用多根小棒托着球体，通过球体旋转的方式，揭示太阳系中各行星的相对位置。仪器的名称来自18世纪初献给第4任欧乐里伯爵（Earl of Orrery）的一台机器。从那以后，类似的机器都使用这一名称，而且很多人都至少见过一次类似的设备。

虽然仪器以欧乐里伯爵的头衔命名，但真正的星象仪之父却是英国著名钟匠乔治·格拉汉姆（George Graham）。在其他有才干的同代人的帮助下，他设计并制造出了第一台星象仪。仪器旨在展现行星在围绕太阳转动时的真实情况。

继承着制表师的优良传统，手表品牌格拉汉姆于2013年推出了一款星象仪版的腕表，手表名为"星象仪陀飞轮"（Tourbillon Orrery）。手表设计灵感取自星象仪原件和格拉汉姆本人所处时代的腕表，而且这款手表是与知名瑞士制表师兼设计师格睿时（Christophe Claret）合作制造的。

手表很大，令人印象深刻，并以独特的方式将历史上的设计和现代机械结合在一起。表盘突出显示了手表的带框陀飞轮，该设计源自早期怀表的机芯。陀飞轮相当于太阳系仪中的太阳。在"太阳"周围围绕有三颗天体，分别为地球、地球的卫星月亮、火星。地球使用了一颗球形蓝宝石，而火星则使用了一颗红宝石。一颗大钻石被安装在了陀飞轮框架的中心位置。

表面中央是空白的，而时间则显示在表面靠右的位置。地球的轨道则被当作日历，用来显示月份和日期。每天，月球的圆形轨道都会不停地转动。表后盖由蓝宝石水晶玻璃制成，透过后盖，可以看到手表的年份显示，最多可显示至未来100年。如果星象仪陀飞轮的拥有者想把手表传给后代，一定会感谢手表品牌格拉汉姆，因为品牌还为手表配备了另外两片年份显示盘，使得显示年份可至未来300年。格拉汉姆总共只生产20块星象仪陀飞轮手表。

欧米茄：碟飞同轴陀飞轮腕表
Omega: De Ville Central Tourbillon

$333,000

过去大约 10 年，陀飞轮统治着高端奢侈品手表的竞技场。对佩戴者来说，陀飞轮是地位的象征；对钟表品牌来说，陀飞轮则像一种"成人仪式"。因为一家手表品牌若想证明自己品牌的地位，至少得推出一款含陀飞轮的手表。奢侈品消费者之所以对陀飞轮手表青睐有加，不只是因为它看起来漂亮，还因为旁人一看陀飞轮手表就知道要花很多钱才能买下这样一块表。

陀飞轮不仅是视觉上的艺术享受，还是该手表比其他大多数手表都难以组装的证明。然而，陀飞轮的起源却和手表的准确度有关。发源于 18 世纪的陀飞轮最早被用在钟具上时，旨在提高钟具的准确度。直到 19 世纪中期，陀飞轮才首次被用在腕表上。第一家将陀飞轮安装在手表上的品牌是欧米茄（Omega），时间是 1947 年。那时，为比试哪家手表厂能制造出最精准的机芯，欧米茄制造出了一系列"竞赛"表。

提到欧米茄的时候，大部分消费者首先想到的可能会是像海马（Seamaster）系列或超霸（Speedmaster）系列这样较受欢迎的主流奢侈品手表，而不是非常复杂的限量款手表。然而，自 1994 年起，欧米茄一直都在生产超级限量版的现代陀飞轮手表。

和其他品牌不一样的地方在于，欧米茄会将陀飞轮安装在表盘的绝对正中心。从机械设计的角度来说，这样设计十分具有挑战性，因为一般处于中心的都是手表的指针。绝大多数手表的陀飞轮不是位于表盘上方就是位于表盘下方。通过"神秘设定"这一方式，欧米茄得以将手表的指针安装在中央陀飞轮的周围。乍看之下，指针似乎并没有和陀飞轮连起来。欧米茄把指针刻在了透明的蓝宝石水晶圆盘上，圆盘会随着时间的流逝而围绕表面转动。表面中央的陀飞轮带有欧米茄的品牌标志，同时可显示秒数。

自碟飞同轴陀飞轮腕表（De Ville Central Tourbillon）推出之后，欧米茄一直都在不断改进其机械工艺。欧米茄还提供全镂空的同轴陀飞轮（Central Tourbillon）机芯，使人能欣赏陀飞轮的运转。品牌在改进同轴陀飞轮系列机芯的过程中取得了两大成就，一是将其著名的同轴擒纵机构技术应用于其机芯，二是获得了瑞士天文台认证——只有极为精确的计时设备才能获得这一认证。除了与其他欧米茄系列手表所共有的可靠性和准确性，品牌还用钻石对稀少且专属的碟飞同轴陀飞轮腕表加以装饰。

思彼马仁：文艺复兴陀飞轮三问腕表
Speake-Marin: Renaissance Tourbillon Minute Repeater

$337,000

大多数英国表匠都留在英格兰，但是彼得·思彼–马仁（Peter Speake-Marin）为在手表行业获得成功，搬到了瑞士居住。在彼得·思彼–马仁于 2000 年开创自己同名品牌之前，就早已在钟表行业闯出一片天地：他曾在伦敦从事修复古董三问时计的工作，此外，还曾任职于评价甚高的机芯设计与制造公司雷诺与巴彼（Renaud & Papi）。

思彼–马仁在职业生涯早期就意识到，藏家们购买钟表主要是一种情感性消费行为。理论上讲，没有人真正需要一款传统手表，之所以有些人沉迷机械表，是因为一系列原因。思彼马仁的手表以将古典美学和现代可佩戴性完美结合而著称。

谈论思彼马仁的手表时，不得不提其特色皮卡迪利（Piccadilly）表壳。品牌的很多手表表壳都采用了这种设计。思彼–马仁用皮卡迪利表壳来纪念自己在伦敦工作的那段时光。他出产的最令人印象深刻的手表，也是在纪念这一段往事。手表名为"文艺复兴"（Renaissance）。这款超级限量款手表是为纪念思彼–马仁制表生涯开始阶段所设计的怀表，那时他就已是一位受人尊敬的制表师了。

如果一位制表师把自己的名字刻在手表的表盘上，并且期望人们买账的话，首先得保证人们服气。当思彼–马仁完成基础手表（Foundation Watch）时，因为手表拥有陀飞轮和三问功能，所以思彼–马仁获得了藏家的认可。他之所以在表名中加入"foundation"这个词，是因为在他看来，这是他生涯的基础[1]。

与手表"基础"一样，"文艺复兴"也是一款陀飞轮三问表。陀飞轮是一项欣赏性复杂功能，让摆轮自转；三问则是一套通过和弦报时的机械系统，拉动表壳边上的控制杆可启动三问功能。

对思彼–马仁来说，一款难以制造的、超级限量款计时器还不能充分展示自己的才能，他决定对机芯的背面进行艺术雕刻。文艺复兴手表总共制造了 6 只，每一只的机芯背面都有独特的手工雕刻图案，可透过表壳背面观察到。

---

1 译注：foundation 有"基础"之意。

安东尼·裴休素：超级陀飞轮腕表
Antoine Preziuso: Mega Tourbillon

$340,000

2010 年，手表制造商安东尼·裴休素（Antoine Preziuso）推出了一款手表，号称是世界最大的陀飞轮手表。那时，"最大"不仅仅指陀飞轮的直径（陀飞轮是机械机芯内的一套机械装置），还指手表本身。大多数人可能都认为超级陀飞轮（Mega Tourbillon）这块表无法戴上手。很多奢侈表品牌喜欢用"世界之最"来宣传，这款手表就是其中一例。

有时安东尼·裴休素称这块手表为"里程碑陀飞轮"（Monumental Tourbillon），它确实配得上这个名字。这块手表最为重要的细节是其宽达 65 毫米的表壳。相比之下，大多数男士表的表壳只有约 42 毫米宽。超级陀飞轮的直径比"普通"手表直径长近 50%，所以它多被当作一件展品，而不是一只腕表。

手表的机芯基于一块产于 1928 年的怀表机芯设计而成。品牌将这枚手动上链机芯安装在了手表巨大的表壳内。尽管陀飞轮宽 25 毫米，而且到目前为止，可能仍然是世界上最大的陀飞轮，但是透过手表表盘是看不到陀飞轮的，这也算手表设计中的有趣之处。手表推出时，手表界流行的表盘趋势是镂空表盘，露出手表的陀飞轮。佩戴者可以通过这种先锋设计，炫耀手表的奢侈属性。想看到手表"创纪录"的陀飞轮，必须透过手表的背面。

表壳材质为 18K 粉金，表壳部件是由钛金属制成。表盘则采用 18K 纯粉金，表盘上不仅刻有小时标记，还是部分镂空的，这是为了展示出部分机芯。可以说，超级陀飞轮更像一块安在表带上的怀表，而不是一款腕表。安东尼·裴休素总共只生产了 5 只超级陀飞轮腕表。

路易威登：手鼓式三问腕表
Louis Vuitton: Tambour Minute Repeater

$343,750

路易威登是世界上最著名的奢侈品品牌之一，人们一般不会把它当作一家钟表品牌。比方说，当提到路易威登的产品时，人们首先想到的可能会是招牌女士提包或其时髦的鞋子。尽管如此，路易威登确实生产手表，很多型号还相当稀少。

虽然路易威登的零售店遍布全球，但是只有在部分精品零售店中才能买到路易威登的手表。手鼓式表壳是路易威登系列手表的基石。手鼓式表壳底座比表圈更宽，而这一独特的设计也成为路易威登很多有意思的手表款式的基础。

虽然路易威登的手表都是奢侈品手表，但是品牌几乎没有超级奢侈品手表。2011年，路易威登推出了一款采用古典制表工艺制造而成的高度复杂手表，为手鼓系列手表添加了一位新成员。这只手表标志着路易威登手表的新高度，也使路易威登的手表业务跨上了一个新台阶。

路易威登属于路威酩轩（Louis Vuitton Moët Hennessy）奢侈品集团，是旗下的一个子品牌。路威酩轩集团旗下还有一些其他优秀的手表品牌，包括泰格豪雅（TAG Heuer）、真力时（Zenith）、宇柏（Hubolt）和宝格丽（Bulgari）。在这一系列富有才华的品牌团队的帮助下，路易威登设计并制造出了手鼓式三问腕表（Tambour Minute Repeater）。之所以能够达到新高度，主要因为路易威登买下了知名机械表机芯设计工作室"时间工厂"（La Fabrique du Temps）。

简而言之，这一款手鼓式世界时旅行表拥有三问和令人眼花缭乱的三维表盘。表盘大部分是由烟熏蓝宝石水晶制成的，使佩戴者不仅可以清晰地看到表盘上的标记和醒目的指针，还可以看到表盘下复杂的机芯。这款手表的机芯采用一种独特的设计，让佩戴者透过表盘（而不是通过表后盖）可以观察到运行过程中的三问（受佩戴者操控，可将时间通过簧音报给佩戴者）功能元件。

表盘的中央有一圆盘，作为手表的主时区，显示格林尼治时间。主时区一旁是第二时区的白天／夜晚（AM/PM）显示。主表盘之外还带有一幅秒针表盘和机芯动力储备显示。基于对手表美学和外观方面的考虑，手表的机械机芯安装在手鼓表壳内部，展现路易威登独有的风格。手鼓式三问腕表的数量十分稀少，其中大多数都由各买家定制生产。

罗杰杜彼：王者系列镂空双飞行陀飞轮腕表
Roger Dubuis: Excalibur Skeleton Double Flying Tourbillon

$350,000

20 世纪 90 年代至 21 世纪初这段时间里，罗杰杜彼一直都是现代炙手可热的高端制表（Haute Horlogerie）品牌。"高端制表"特指那些同时在原创设计和传统制表工艺上达到一定高度的手表及其品牌。也就是说，只有那些顶级奢华手表才配得上这一称号。

罗杰杜彼和其他品牌的区别之处在于其毫不掩饰的设计和机械结构。这一设计风格掀起了新的表盘和表壳审美——高调地"炫耀"。这与其他手表品牌的传统设计风格大相径庭。尽管如此，罗杰杜彼和其他手表品牌仍有相似之处：精力都集中在生产用传统工艺制造的独特机械机芯这一方面。

罗杰杜彼的品牌故事，见证了现代手表公司的发家史。品牌最初由一位名叫罗杰·杜彼的制表师创立，随后他又将公司和品牌一起卖给了一家富有争议性的第三方，但也正是在这人手上，公司名声大噪。之后公司又被大型奢侈品公司历峰集团（Richemont Group）收购。机缘巧合之下，品牌创始人罗杰·杜彼又回到了这家公司。

品牌大获成功的王者系列（Excalibur）是罗杰杜彼最受欢迎的款式。其标志性设计包括三表耳栓结构和带锯齿的表圈。王者系列手表一般都很复杂，系列中的子系列镂空双飞行陀飞轮腕表（Skeleton Double Flying Tourbillon）就是绝佳的例子。

手表的机芯能完美诠释公司的价值观。机芯拥有两枚挨在一起的陀飞轮。两枚陀飞轮高度镂空，看起来就像一张珍珠纹装饰的水晶结构组成的蜘蛛网。该机芯是世界上镂空程度最高的机芯，而且两枚陀飞轮同时运转的画面，证明着佩戴者的权力和地位。

罗杰杜彼成功的原因之一，便是市场上那些想通过腕表展示其实力的客户群体。与传统奢侈表买家相比，这一群体更为年轻，多半来自新贵阶层。他们需要一只引人注目的手表，通过手表炫耀自己的生活方式和个人财富。佩戴传统的手表更多是为体现出个人的成功和品位。但是，传统手表无法满足年轻人想炫耀自己生活方式的需求，而"现代奢侈品手表"这一门类，恰恰能满足年轻人这方面的要求。罗杰杜彼通过标志性的表壳、可定制钻石装饰、复杂机芯的视觉盛宴等元素，细分出市场上新贵这一群体，并为后来者设立极高的准入门槛。内表圈由 18K 白色金制成，镶有钻石。王者系列镂空双飞行陀飞轮腕表手表限量生产 28 只。

积家：翻转球型陀飞轮二代
Jaeger-LeCoultre: Reverso Gyrotourbillon 2

$350,000

欣赏积家球型陀飞轮（Gyrotourbillon）手表的运转是一件会上瘾的事。于2004年推出的这款手表的一大特色，便是水平安装在球形陀飞轮框架上，以及框架内的扁平陀飞轮。球形框架绕着两条轴点自转，使整个系统看起来像一个不断旋转的陀螺仪。这是积家推出的第二款陀螺陀飞轮手表，手表的陀飞轮使用一根工字轮游丝（而非扁平游丝）。三维游丝位于机械复杂功能中心，随着摆轮的摆动而一齐跳动，像手表的机械心脏，赋予手表生命。

有能力制造出陀螺陀飞轮的高级制表师为数不多，积家从来都不掩饰这一事实。这些制表师中的一位便是法国制表师埃里克·库德雷（Eric Coundray）。钛金陀飞轮框又小又脆，拿的方式不对都会损坏框架。虽然陀飞轮已经不如过去那般独特或少见，但是像陀螺陀飞轮这样的特殊陀飞轮，使陀飞轮再次成为奢侈品的标志和尊贵地位的象征。

2008年，积家推出球型陀飞轮手表的后续款式。球型陀飞轮二代（Gyrotourbillon 2）的翻转式表壳非常大，手表为世界著名复杂功能指明了新的视觉发展方向。开放式表盘，露出了积家标志性的装饰派艺术风格（Art Deco）的镂空机芯。装饰派艺术源自20世纪30年代。

积家机芯的装饰派艺术风格受专利保护，内饰不仅融合了传统钟表设计与装饰，还巧妙地加入了现代设计的特点。陀螺陀飞轮的出现建立在陀飞轮的基础上，而且200年前制表师们就发明了陀飞轮。但是，若是没有现代计算机辅助设计和精密制造技术，今天的陀螺陀飞轮也就无法诞生。

与初代球型陀飞轮相比，可以说二代更简约，拥有的功能更少。第一代手表拥有万年历，机芯动力储备超过一周。球型陀飞轮二代腕表的推出，更多地关乎向人们介绍手表的艺术和装饰魅力。从这点来说，手表十分成功。积家总共只生产了75只翻转球型陀飞轮二代腕表。2013年，积家推出了该系列的第三代手表球型陀飞轮三代（Gyrotourbillon 3）。

熔炼 47：救世陀飞轮
Fonderie 47: Inversion Principle Tourbillon

$350,000

品牌熔炼 47（Fonderie 47）的诞生源自一个绝佳的营销计划。来自纽约和旧金山的两位企业家想出这样一个点子：在宴会、慈善晚会这样的特殊场合中，向那些超级富豪们出售超级奢侈品，再将所得用来预防非洲的暴力冲突。购买之后让人感觉良好的、有社会良心的奢侈品十分稀少，熔炼 47 旨在通过这种方式唤起顾客的怜悯之心。

品牌是这样运作的：熔炼 47 会从非洲人民手中购买 AK-47 突击步枪。据品牌介绍，这些突击步枪之所以能被卖给熔炼 47 的代理商，是因为枪械有一定价值，而且在非洲大陆相对来说容易获得，所以经常被当作货币。枪械卖家乐于用枪支换现金，因为和枪械相比，现金能够显著提高他们的生活水平。公司会将收购到的那些枪械销毁，以减少枪支的数目。他们相信，随着枪支数目的减少，冲突水平也会随之降低。

公司不仅仅把这些枪销毁。部分枪支部件会经熔化后，用作手表的原材料。熔炼 47 不仅会用这些部件来制表，还用这些部件来制作珠宝。品牌的每一款作品都使用了熔化后的枪支部件。产品收入会用来继续从非洲人民手中购买枪械。

2013 年，熔炼 47 终于推出了品牌首只时计，名为"救世陀飞轮"（Inversion Principle Tourbillon）。手表概念设计师是瑞士人阿德里安·格莱辛（Adrian Glessing），基本理念是在手表中央安装一枚周期为 3 分钟的陀飞轮擒纵。手表绝大多数地方都是黑白相间的，表壳材料不是 18K 白色金就是玫瑰金。这一"燕尾服"手表背后的美学理念和品牌的伟大事业并无多少关系。

理解表盘构造之后，佩戴者很快就能看懂手表。小时显示在手表 12 点钟的方向，通过一个数字窗口显示，数字每过一小时变一次。逆跳式分针位于表盘下方。陀飞轮的一项额外功能为秒数显示，因为这款手表的陀飞轮转一圈需要 180 秒，所以陀飞轮上的三根指针轮流做秒针。

机芯每次上链可运行 6 天，手表还配有两个机芯动力储备指示器。一个指示器在机芯的背面，另外一个只能透过表壳的左侧观察到。救世陀飞轮是一款限量版手表，总共只生产了 30 只。

摩登富贵：昆汀

Jacob & Co.: Quenttin

$360,000

21 世纪伊始，雅各布·阿拉波（Jacob Arabo）算得上奢侈品手表行业里最有意思的人物之一，人们称他为"珠宝匠雅各布"。他专注于用钻石装饰时计，这种时计专为流行明星和文化偶像设计，也使雅各布得以成立自己的公司，而且品牌客户十分广泛。雅各布的公司摩登富贵（Jacob & Co.）以向明星提供珠宝相关服务而著称。在"bling"[1]这个词成为流行热词之前，雅各布就已经借助作品"造"出了这个词。

因为客户关系的问题，公司甚至还引上了一些法律方面的麻烦，但最终捍卫了客户对公司的信任。除提供富有创意的珠宝手表外，摩登富贵还致力于拓展现代制表科技的疆界。

2006 年，品牌推出了手表昆汀（Quettin），这只手表改变了时计行业的面貌。手表由摩登富贵和瑞士 BNB 概念公司（BNB Concept）合作完成。摩登富贵想让这只表成为一只前所未闻的现代复杂计时器。当时，"现代"高端奢侈品手表还算是另类先锋手表，十分少见。大多数顶级奢华手表都采用古典设计风格。

摩登富贵决心打造出一只融合现代设计和奢华机械的手表。昆汀推出后，影响了后来的无数时计，甚至还给其他品牌带来影响。工业级表壳有着长方形的外形，消费者可为表壳选择一系列奢侈材料。手表的机芯有当时世界上最久的动力储备，达31天。之所以这么持久，是因为制表师将一系列发条匣叠加在一起，并水平安置在表盘上。每次要给机芯上满弦，可折叠表冠要转 200 圈。好消息是，手表的动作感应表盒配有电子上弦器，可架在手表的表冠上。

昆汀上没有指针，转而通过竖直安装在表盘底部的两个传动鼓轮，来显示小时和分钟。时间显示系统的右侧是一套竖直的陀飞轮擒纵，透过表壳右侧即可观察到。

手表在保证机械复杂性的同时还保证了艺术上的现代性，也为那些对传统设计时计不感兴趣的顾客们提供了一系列新的选择。摩登富贵的机芯合作伙伴 BNB 概念于 2010 年破产，或许这也解释了为什么昆汀总产量不超过 150 只。

1 译注："亮闪闪"之意。

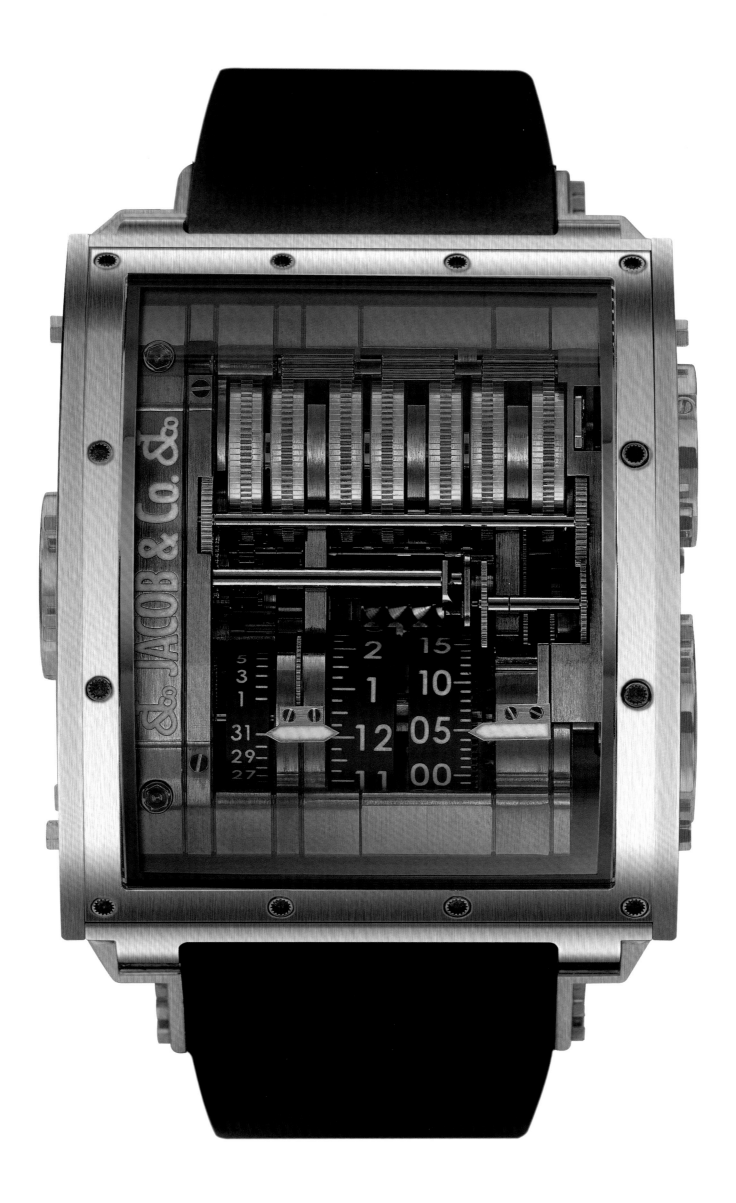

万宝龙：维勒雷 1858 双圆柱陀飞轮腕表
Montblanc: Villeret 1858 Tourbillon Bi-Cylindrique

$360,300

位于瑞士小镇维勒雷的米涅尔瓦（Minerva）是历史最悠久的钟表品牌之一。品牌创立于 1858 年，从某种程度上来说，从那时起该品牌一直都在制造钟表。2004 年，品牌被历峰集团（Richemont Group）收购。历峰集团是一家大型奢侈品公司，拥有数家世界顶级高端手表品牌。集团希望在它的保护下，米涅尔瓦能与旗下的其他品牌一样，继续经营下去。

公司决定由万宝龙（Montblanc）接管米涅尔瓦的生产设备。万宝龙原是一家书写工具制造商，之后逐渐参与到钟表行业中。米涅尔瓦的生产设备使得万宝龙能够生产出带有历史感的超专属万宝龙系列时计。在万宝龙的保护伞下，米涅尔瓦的生产设备和其生产的手表均被命名为"万宝龙维勒雷 1858"（Montblanc Villeret 1858）。

于 2009 年推出的陀飞轮神秘时间腕表（Grand Tourbillon Heures Mystrieuses）是万宝龙维勒雷 1858 系列的首只时计。该款手表的特色奠定了系列手表在万宝龙手表金字塔顶端的地位。

手表有着泪滴形的表壳，同时向世人展示出德国品牌万宝龙新的一面。目前，万宝龙业务从民用级奢侈钢笔到价格 30 万美元以上的手表，都有涉猎。每年维勒雷系列手表产量不足 300 只。

表面上的时针和分针如悬空一般，实际上是因为它们被安装在了透明的蓝宝石水晶上，与一系列齿轮相连。神秘显示虽然并不多见，却是时计的一种著名艺术表达手法。两年后，品牌又推出了和陀飞轮神秘时间腕表相似的一款手表。和原款相比，万宝龙移除了新款手表的大部分表面。如此一来，也就展示出了之前隐藏的"神秘"机械结构、精心手工打造的机芯，以及陀飞轮的一项新功能。

万宝龙首次为一套陀飞轮擒纵配置了两根气缸式游丝。对大多数人来说，这点区别不重要。但是对那些痴迷于手表间细微技术差别的爱好者来说，便具有很高价值。两大特点导致了像这只手表这样独特的摆动器（擒纵机构外加摆轮和游丝）十分稀少。首先，手表有两根游丝（游丝是手表中极细的弹簧，因其比头发丝还细而得名），而不是一根。这一稀少且复杂的特点是为了保证手表的准确性。其次，手表使用的是工字游丝，而不是常见的水平式的扁平游丝。一眼就能看出工字游丝和传统游丝不一样。18 世纪时钟表师之间的竞赛，催生了工字游丝的出现，制表师用工字游丝来制造超精准的航海导航用时计。

播威 1822：大日期逆向手工装置陀飞轮腕表
Bovet 1822: Pininfarina Tourbillon Ottanta

$364,000

意大利汽车设计公司宾利法利纳（Pininfarina）以设计出法拉利跑车而著称，但和大多数汽车设计公司的不同之处在于，这家设计的名字会出现在所设计的每一辆法拉利跑车上。

宾利法利纳还设计腕表，公司与瑞士高端手表品牌播威（Bovet）合作，推出过一系列吸引人的时计。其中最令人印象深刻的当属大日期逆向手工装置陀飞轮（Pininfarina Tourbillon Ottanta）。这款手表推出于 2010 年，旨在纪念宾利法利纳成立 80 周年，播威总共只生产了 80 只该款时计。

和许多其他播威的经典时计相比，这款手表的设计风格非常现代。手表现存 3 个版本，区别体现在材料的选择上，包括类金刚石碳膜钢铁（Diamind-like Carbon Coated Steel）、钛金属以及 18K 白色金或 18K 玫瑰金，采用的材料不同，所演绎出的风格也不一样。

这款手表继承了播威可转换表壳的设计传统，这样的设计使得手表既可以戴在手腕上，亦可在将表带卸下后，用作怀表或小型座钟。可翻转表壳让佩戴者得以自行选择佩戴时哪一面朝上。

主表盘由宾利法利纳设计，所显示内容包括时间、大窗口日期显示和动力储备提示，秒数则显示在另一面表盘上。将表壳反转过来后，可以看到手表的自上链转子和不断旋转的陀飞轮，背面还有一枚很小的指针，显示小时数。能像这块播威表这样拥有如此丰富用途的时计并不多见。

仔细观察表壳的侧面，会发现制表师刻下的 8 条信息，分别代表着宾利法利纳过去 80 年历史里的 8 个阶段。雕文由意大利文篆刻，其中反映 20 世纪 50 年代的信息大致翻译如下："一家公司要走向成熟，一代人的努力还不够。"在推出这款手表之后，播威继续和宾利法利纳合作，推出了后续时计款式。

格伦菲尔德：GTM-06 陀飞轮三问腕表
Grönefeld: GTM-06 Tourbillon Minute Repeater

$374,500*

钟表爱好者热衷于分辨全球各地时计之间的差别。英国制造的时计和瑞士制造的时计不太一样，和德国制造或法国制造的时计相比亦是如此。具体不同之处可能体现在机芯的构造、特有的装饰技巧，或者整体设计哲学这些方面。当然，藏家们之所以兴趣盎然，是因为市场上的时计多种多样。

制表家族格伦菲尔德（Grönefeld）到巴特（Bart）和蒂姆（Tim）兄弟这一辈已是第三代，两人原是荷兰人，在瑞士学习制表。在为一系列高端瑞士手表品牌效力之后，他们决定于 2008 年在荷兰开创同名手表品牌。品牌于 2013 年推出的首只手表 GTM-06 陀飞轮三问腕表（GTM-06 Tourbillon Minute Repeater）即使放在今日来看也显得相当独特的。

手表表壳和表盘恰如其分地体现出了荷兰人性格中外向的一面。因为急于在手表行业闯出名头，制表师毫不犹豫地将手表名中的复杂功能展现在表盘上；手表功能不光包括陀飞轮，还有三问复杂功能。对手表藏家们来说，陀飞轮和三问都是备受推崇的特色。格伦菲尔德想在一块传统手表的基础上再加入一点惊喜，他们还想让三问的和弦听起来尽可能饱满。

品牌表示，他们花了很多精力来设计表壳，旨在让老年人也能听见三问和弦。对于那些听惯了大多数三问表微小簧音的人来说，足以理解这一特色背后所付出辛勤的价值。手表上高调的支耳虽然和大多数凸起的支耳相比都显得出位，但是所起作用绝不只是装饰。这款手表的支耳都是中空的，并且尽可能紧密地和手表其他部分相连接，为的是在表壳内营造出更佳的共鸣腔效应。

格伦菲尔德认识到高端机械表买家们更注重拥有的乐趣，而不是手表的实用性，这一点在 GTM-06 陀飞轮三问腕表的展示盒上得到了很好的体现。展示盒是格伦菲尔德专门为雪茄爱好者而设计的。展示盒带有一个小抽屉，拉开后可以看到抽屉里的各种雪茄剪和一只定制的大卫杜夫（Davidoff）钢琴黑烤漆打火机。这只手表有 18K 红金表壳和铂金表壳两种款式。手表总共生产了 20 只。

贝蒂讷：DB16 调速器陀飞轮腕表
De Bethune: DB16 Tourbillon Regulator

$388,000

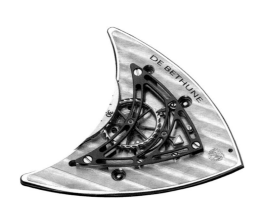

在欣赏图片中这只贝蒂讷（De Bethune）手表及该品牌的其他手表时，都无法忽略机芯上的《星际迷航》联邦标志。这绝非巧合，作为一家顶级机械表制造商，贝蒂讷代表着将今日的文化和历史的传统制表工艺结合的新风尚。

熟悉贝蒂讷的人一眼就能看出，DB16 调速器陀飞轮腕表（DB16 Tourbillon Regulator）这款手表是该品牌所设计的最经典的手表之一。手表集品牌之所长，即使最为挑剔的藏家也会被它吸引。

因为贝蒂讷的设计师们深受科幻作品影响，因此手表的设计也带有太空元素。在这只手表上，品牌尽最大可能利用现代科技。其中一例便是机芯的摆轮，手表的摆轮几乎全由硅打造。因为硅质材料光滑、耐高温、耐磁的特性，多家高端钟表品牌曾利用硅质材料制表。但是只有贝蒂讷一家，用硅制造摆轮。摆轮是一款机芯的核心部件。硅质摆轮仅有 0.18 克重，是现存最轻的摆轮之一。

硅质材料的利用使得摆轮得以更快地运转，也使机芯能够更准确地运行。尽管这只手表是一款机械表，但其秒针却是跳动式的，秒针运行方式同石英机芯手表的秒针运行方式一样。手表机芯复杂功能还包括万年历、三维月相显示、动力储备显示和陀飞轮。众多复杂功能却以不显杂乱的方式展示在表面上。

DB16 调速器陀飞轮腕表的机芯有接近 500 个零部件，手表将传统装饰工艺和现代设计结合在一起，品牌的设计风格在行业中算得上独树一帜。这块表是手表藏家们的真爱：在融合了如此多元素的同时，手表还能保证美观与和谐。

伯爵：相对陀飞轮纽约版
Piaget: Polo Tourbillon Relatif New York

$400,000

有时候，让伯爵（Piaget）这一品牌为人所知的不是其专属制表业务，而是装饰华丽的珠宝和精美钻石工艺品。现代伯爵产品外形优美，完全能胜任红毯场合，而其机械机芯制造历史可追溯至 19 世纪 70 年代。

直到 1943 年，伯爵才生产出品牌第一只时计。20 世纪的大部分时间中，伯爵专注于生产带纤细机械机芯的专属奢侈品手表。时至今日，纤细机芯仍然受到世人的追捧。

出于对完美工艺的不懈追求，伯爵不断制造出独特的机械机芯，例如手表相对陀飞轮纽约版（Polo Tourbillon Relatif New York）所使用的机芯相对陀飞轮（Relatif Tourbillon）。表盘中央的圆盘用于显示小时数，圆盘上方的巨大结构（相对来说）既是分针，也是悬空的陀飞轮底座。陀飞轮不仅随分针一起围绕表盘转动，其本身还以 1 分钟的周期自传。也就是说，陀飞轮每小时沿表盘转一圈。

伯爵开发出多只限量版相对陀飞轮（Polo Tourbillon Relatif）系列手表，该系列主要以城市为主题。系列第一款手表的主题城市是巴黎，其他款式的主题城市有威尼斯，还有纽约。该系列手表表壳为 18K 白色金材质，表面都以黑色珐琅装饰，旨在突显不同颜色之反差。除机芯外，令人印象深刻之处是手表呈现曼哈顿的方式。

该手表推出于 2011 年，伯爵选取纽约当时最高的 12 栋楼，并将这 12 栋楼作为装饰派艺术风格表盘的标记。表壳两侧的装饰则更具匠心：利用激光雕刻技术，伯爵将纽约市的两大标志景观刻在表壳两侧。表壳的左侧呈现出地平线上的曼哈顿，画面中还有两座大桥，而表壳右侧的景象则突出显示自由女神像。伯爵只生产了 3 只相对陀飞轮纽约版腕表。

贵朵：发条驱动三问腕表
Credor: Spring Drive Minute Repeater

$400,000

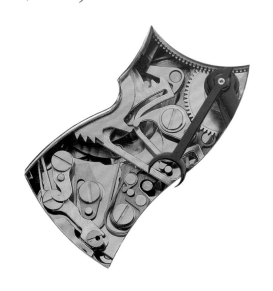

当初丰田决定进军美国高端轿车市场时，他们需要创建新品牌雷克萨斯。原因很简单：美国人不愿花钱买一辆入门级汽车品牌的高端车。这道理对全球市场中各行各业的日本品牌来说，都是如此。而在日本本土轿车市场中，消费者们似乎只愿意购买一款昂贵的丰田车（日本本土市场中没有雷克萨斯）。

对日本手表品牌精工（Seiko）来说，亦是如此。虽然精工手表价格十分亲民，但是品牌却不局限于大众级手表。世界上一些最雅致的手表便由精工旗下品牌大精工（Grand Seiko），以及日本独有品牌贵朵（Credor）制造。虽然人们总是将精工当作高性价比名表的代名词，但精工也有为在行狂热爱好者们准备的高档款式。

贵朵的顶峰之作，是发条驱动三问腕表（Spring Drive Minute Repeater）。这款高度复杂的手表在融入日本文化设计的基础上，还对很多传统机械复杂功能进行改良。手表搭载发条驱动（Spring Drive）系统。精工用了30年才开发出这套系统。

发条驱动系统内含一款机械机芯，传统机械机芯中的摆轮由石英摆动器替代。为何用石英摆动器取代摆轮？虽然石英机芯的石英振荡器很准，但是钟表爱好者却很排斥石英机芯：首先石英振荡器由电池驱动，而不是受发条驱动；其次，石英机芯生产成本很低。精工意在造出一款混合机械表魅力和石英表准度的机芯，发条驱动系统也就应运而生。

借助这套系统，精工的目标是制造出世界上对用户最友好、实用的三问表。首先，精工决定要造出一款十分问表，而不是刻问表。假设现在是3点52分，启动三问时，手表会先响三声（3点），再响五声（50分），最后再响两声（2分）。大多数三问表都是刻问表，以15分钟为单位统计分钟数。从数学的角度来说，15分钟计算起来会难一些（与十分问相比）。

贵朵三问腕表（Credor Minute Repeater）推出于2011年，前作是同样以音乐性为主打的2006年推出的贵朵自鸣腕表（Credor Sonnerie）。为使贵朵三问表的和弦听起来尽可能更悦耳，精工将手表音簧设计成碗状，而不是瑞士三问表上常见的条状。这样的设计使音簧在受到击锤的撞击时，能发出更饱满的簧音。贵朵自鸣的表壳后盖为封闭式，但贵朵三问拥有开放式后盖，可以透过后盖看到手表纯手工机芯的全貌。

这款手表以一种精妙的方式展现日本文化元素。表面有部分镂空区域，镂空形状为一只展翅翱翔的雄鹰，而主发条匣上的图案则是一朵日本风铃草。虽然贵朵三问不是一款限量版手表，但是手表年产量只有3只。

德高娜：德高娜机械腕表
De Grisogono: Meccanico DG

$429,500

2008年的奢侈品手表业还是一个充满活力的行业，不断有创新出现，这要归功于当时的经济环境，而之后的经济危机则使行业一蹶不振。行业的创新性体现在当时的现代超级手表上。那时，价格奇高的手表开始逐渐绕开经典或者传统设计。在那之前，最贵的手表一般都参考几十年，甚至几百年前的时计。行业中新生代急切地想向藏家们提供富有现代设计感的机械表。

这一背景为数字式机械表的构想提供了土壤。讽刺的是，在这之前，机械表都有着指针式表盘，只有电子表才是数字式显示。品牌德高娜（De Grisogono）想把两种风格结合在一起，以赢得新贵的青睐：在一个充满各种电子产品的世界中，新贵们需要一块能彰显地位的手表。

德高娜机械腕表（Meccanico DG）得以成功开发，电脑辅助设计功不可没。手表最终完成花费了数年时间。德高娜的奢侈品以外形先锋而闻名，品牌还擅长将古典优雅与现代元素结合在一起，例如荧光色及数字式表盘。其他一些德高娜的高端现代时计元素则包括以相机快门为灵感的表盘，以及夜光表壳。

德高娜机械腕表机芯零件数目超过650个，虽然手表推出于2008年，但那时机芯仍需要多年时间才能完成。这款机芯着实是一件大师之作。表盘多处镂空，透过表盘，可欣赏机芯的工艺美感。手表通过两种方式分别显示时间。表盘上方有一偏传统的表盘式表面，而表盘底部的时间显示方式则是数字式。表壳左右两端的按钮用于调节数字显示时间的小时数或分钟数。每按一次按钮，对应的读数就会顺畅地转至下一位。

每个版本的德高娜机械腕表都是限量版，版本间差别包括不同荧光色，有些手表还有黄金表壳。到现在为止，这款手表仍是德高娜最引人关注的时计之一，也是21世纪初期手表设计的代表之作。

海瑞·温斯顿：匠心传奇六代
Harry Winston: Opus 6

$436,181*

品牌海瑞·温斯顿（Harry Winston）开始制造时计后的第12年，发生了一件很特别的事情。此前一直专注于钻石珠宝的品牌造出一款时计，名为匠心传奇一代（Opus 1）。品牌兴趣点由珠宝转向先锋机械表制造。当时海瑞·温斯顿的手表业务负责人深受独立制表师吸引，因为独立制表师可以全身心地投入到制造他们自己想佩戴的独特高端手表中。

海瑞·温斯顿推出的不仅仅是一款独特的时计，作为一只联名合作手表，它既赞美时计本身，同时也赞美制表师。匠心传奇一代腕表由海瑞·温斯顿与制表师弗朗索瓦－保罗·儒何内（Francois-Paul Journe）合力完成（弗朗索瓦－保罗·儒何内来自同名手表品牌儒杰 F.P.Journe）。每次推出一款匠心传奇系列手表前，海瑞·温斯顿（Harry Winston）都会让一位有天赋的制表师，在尽可能发挥自己才华的同时，融入海瑞温斯顿的品牌特色，以设计出一款独特的手表。截至2013年，海瑞·温斯顿每年都推出一只匠心传奇手表。

该系列已成为传奇。手表起源本身就极具特色，数量也非常稀少。此外，因为每年与海瑞·温斯顿合作的制表师都不一样，由此也引发了系列手表的一些趣闻轶事。例如，由维安内·霍尔特（Vianney Halter）制造的 Opus 3 亮相于 2003 年，但是手表直到2010 年左右才真正完成并推出。原因仅仅是确实需要这么长时间才能完成这块手表。

2006 年海瑞·温斯顿选择与前途无量的制表二人组史蒂芬·富斯（Stephen Forsey）和罗伯特·高珀［（Robert Greubel），两人的同名品牌为高珀富斯（Greubel Forsey）］合作，推出手表匠心传奇六代（Opus 6）。直到今天，匠心传奇六代仍是高珀富斯设计过的最优美的手表之一。手表完美结合了两家品牌各自的魅力。高珀富斯品牌本身就以生产结构复杂的陀飞轮而闻名。借由这款手表，高珀富斯首次实现了双陀飞轮，即一套陀飞轮擒纵内嵌有另一套倾斜的陀飞轮擒纵。

内嵌陀飞轮 30 度的倾斜角，使之与外陀飞轮相比，更为精准。外陀飞轮与内陀飞轮一起沿自轴旋转。透过手表上的三个窗口，可以分别看到手表几个圆盘显示的小时、分钟和秒。表面上还秘密设计有一个大数字 "6"。匠心传奇六代手表的另一独特之处在于，这是一只双品牌高端奢侈品手表。即使是在匠心传奇系列中，这也很少见。虽然海瑞·温斯顿的匠心传奇系列手表都是限量款，但是匠心传奇六代可能是系列中最稀有的，总共只生产了 6 只。

---

* 手表以 33.8 万港币的价格于 2011 年 5 月拍于香港佳士得拍卖行。

菲利普·杜佛：大自鸣腕表
Philippe Dufour: Grande Sonnerie

$437,023 *

在世界诸多受人敬仰的制表师中，有一位很谦逊，他住在瑞士境内的汝山谷（Vallée de Joux）之中，过着简单的生活。该地区位于瑞士的"制表区"内，靠近法国。这位制表师从 1989 年开始制表，迄今为止总共只有三件作品。他最受欢迎的作品是名为"简约"（Simplicity）的腕表。

在那些不懂手表的人眼里，这款时计无甚独特之处。它既没有体现出独特设计，亦未使用珍稀材料。事实上，制表师的网站看起来很一般，而且网上没有太多关于他的信息。那么，菲利普·杜佛（Philippe Dufour）是如何得到"制表天才""现存最具天赋制表师""手工制表工艺蝉联冠军"这些称号的呢？简而言之，这些全都蕴藏在他的制表过程之中。在众人眼中，杜佛经常衔着烟斗，脸上带着惬意的微笑。杜佛属于知道如何享受自己时间的一类人。他的每只表都经手工制作完成，每年只生产约 12 块。可以说这些表是世界上打磨最精细的手表。制表之所以要花那么长时间，是因为机芯的每一部分都经本人手工细致打磨，以呈现出独一无二的效果。

藏家们乐于为只有大师能创造的 1% 的精湛细节支付溢价。杜佛不但是一位杰出的制表师，还深知如何让金属看起来更漂亮，听起来更悦耳。在他创立自己的品牌前，他是首位在一枚怀表机芯上同时实现大自鸣、小自鸣、三问三大音乐性复杂功能的制表师。这一成就为其赢得了无数盛誉，相关时计被卖给手表品牌爱彼（Audemars Piguet）。

之后，杜佛决定在自己的同名品牌手表上，为品牌客户重现这三大复杂功能。大自鸣腕表集合了使杜佛名声大噪的三大音乐性复杂功能。这款手表极为稀少。一般认为，总共只有几只存世。杜佛的另外两款手表简约和双重（Duality）经常供不应求，更不用提工艺更复杂的大自鸣腕表（Grande Sonnerie）了。

大自鸣功能时计每隔 15 分钟会自动报时[1]，小自鸣功能则会每过 15 分钟报正刻，到正点时报正点[2]。这块手表可以在大自鸣功能和小自鸣功能之间切换。这款大自鸣手表还拥有三问报时功能，启动后，佩戴者通过听手表和弦声确定时间。

* 于 2012 年 4 月以 482 万港币的价格，拍于香港苏富比拍卖行。
1 译注：大自鸣会报正点和正刻，例如 3:00、3:15、3:45 这三个时间，同时报 3 点和对应分钟数。
2 译注：小自鸣时计会在每个正点、15 分、30 分、45 分时报刻，但是不会报分钟数，只会报小时数和刻数。

宝珀：卡罗素三问飞返计时腕表
Blancpain: Carrousel Minute Repeater Flyback Chronogragh

$450,000

在斯沃琪集团（Swatch Group）的保护伞下，高端品手表品牌宝珀（Blancpain）十分幸运，可以随心所欲。因为宝珀没有营收压力，所以品牌能一次次地制造出创纪录的手表，使消费者对于品牌手表的期许越来越高。

2013年，宝珀推出卡罗素三问飞返计时腕表（Carrousel Minute Repeater Flyback Chronogragh）。该手表相当复杂，宝珀首次将三大复杂功能在一只手表上实现[1]。即使以保守标准考量，宝珀的这只手表仍极具魅力。镂空表面使之成为机械机芯爱好者心目中的珍宝。

在谈论高端手表时，总是绕不开陀飞轮。陀飞轮是地位的象征，也是手表昂贵价格、复杂工艺的标志。虽然陀飞轮手表很贵，但是也已不像从前那般稀少。2008年，宝珀认为陀飞轮太过常见，所以决定在品牌的众多手表上改用一项类似技术。与陀飞轮一样，其所应用的技术也诞生于18、19世纪。该技术便是偏心陀飞轮。

从功能上来说，偏心陀飞轮与陀飞轮一样，拥有不断自转的摆轮。两者区别在于，某些关键部件安装位置不同。宝珀还在其他几款手表上应用这项异乎寻常的复杂功能。除偏心陀飞轮外，时计还有三问和计时功能。

设计师有意将手表表盘设计成简约风格，表面开放区域与表壳之间有一圈白色大明火珐琅。计时功能并非是通过副表盘，而是借助一根指针来实现。这种计时方式十分罕见。计时上限最长达30分钟。手表的设计毫无保留地展现出了三问机芯。

手表三问复杂功能非常独特，能自动上链。手表自动转子和机芯背面都经手工打磨和雕刻。装饰和打磨是瑞士高端制表业的特色传统，卡罗素三问飞返计时腕表全面地体现出了这一特点。

---

1 译注：表名中 "carrousel" 意为偏心陀飞轮，"minute repeater" 为三问报时，"flyback chronograph" 代表飞反计时功能。

芝柏：钽合金蓝宝石双轴陀飞轮腕表
Girard-Perregaux: Tourbillon Bi-Axial Tantalum & Sapphire

$478,500

手表行业看重材料，这并不奇怪。因为整个奢侈品行业都会使用难以寻得或加工难度大的材料制造奢侈品。贵金属（譬如黄金和铂金）或稀有宝石（钻石、红宝石、蓝宝石和翡翠）有画龙点睛的效果，人类在文明起源初期就深知这一点。珍稀材料本身就很美，这也解释了为什么制表师对珍稀材料饶有兴趣的现象。

实际上，虽然钻石和黄金确实是非常珍稀的材料，但也没稀少到一物难求的地步。在大都市的商场里，出售传统珍稀材料制品的商店随处可见。因此，为了在顾客心中激起全新的专属感，富有创意的制表师们会去搜寻那些"新兴珍贵材料"。

双轴陀飞轮腕表（Tourbillon Bi-Axial）由瑞士表厂芝柏（Girard-Perregaux）生产，表壳由钽合金制成。钽合金是一种人造合金，用于制造高端时计。与之类似的现代制表材料还有很多。近年来，像钽合金、碳纤维，以及陶瓷这些材料被广泛用于制表。这些材料源自赛车和航空航天领域。

巨大的钽合金表壳拥有深灰色光泽，手表线条简练，外形厚重。虽然手表风格现代，光泽柔和，但其内核还是一款传统风格手表。手表起源最早可追溯至18世纪，源自芝柏于当时推出的标志性"三金桥"怀表。该设计曾是多块时计的标志，在这只手表上也能看到。手表夹板是由人工合成的钢琴黑蓝宝石水晶制成。合成蓝宝石水晶也是手表行业所采用的一种特殊材料。

三桥中两桥横跨表面，第三座桥与手表的双轴陀飞轮合为一体。陀飞轮能进行自转。多轴陀飞轮可以说是高端奢侈表中最引人注目的复杂功能。透过表面的镂空可以看见陀飞轮，陀飞轮围绕两条轴，朝两个不同方向同时旋转，其中一根轴的旋转周期是45秒，另一根轴旋转周期为60秒。双轴陀飞轮不仅极具视觉观赏性，还赋予了手表超凡脱俗的气质。手表于2013年推出，芝柏只生产了12只钽合金蓝宝石双轴陀飞轮腕表。

君皇：C1 量子重力陀飞轮腕表
Concord: C1 Quantum Gravity Tourbillon

$480,000

当君皇（Concord）在 2008 年发布 C1 量子重力陀飞轮腕表（C1 Quantum Gravity Tourbillon）时，很多人认为这只手表是未来高端手表外观的标志。当时，手表行业正迅速走向现代化，飞速发展的不光是行业人才，还有高端藏家们的需求。行业将注意力由传统保守设计转向更为前卫的设计，高端手表行业在这一方面进行了大量尝试。从很多角度来说，C1 量子重力陀飞轮腕表都开创了手表行业先河。

虽然 C1 量子重力陀飞轮腕表所开启的新时代并未打消人们对传统设计的偏爱，但是这只手表仍旧成为现代奢侈时计的标杆，影响深远。

在摩凡陀集团（Movado）重启君皇后不久，品牌便推出了 C1 量子重力陀飞轮腕表。君皇尽力避开之前的品牌风格，转而选择未来感十足的工业外形设计。这一点在 C1 量子重力陀飞轮腕表上体现得淋漓尽致。除了表壳的设计，量子重力的机芯本身也极具特色。君皇与当时最炙手可热的机芯制造商 BNB 概念（BNB Concept）公司一起开发手表机械结构。手表机械结构设计极具概念性，机芯配有一款双轴陀飞轮（陀飞轮同时围绕两轴旋转），机芯其余部分借助细小的悬挂桥式丝与陀飞轮相连。表面上还有一圆柱容器，内装有绿色的液体，通过容器中液体多少来判断手表的动力存储。

C1 量子重力陀飞轮腕表具有重要地位，因为它为后未来式设计的现代手表奠定了基础，这一类手表已在手表行业中占据了一席之地。虽然手表外形没那么优雅，但是其创新性弥补了这一点。

君皇承认手表机芯和表壳是分开设计的，在当时这一做法较为常见。手表机芯和表壳分别吸引着不同品位的藏家。虽然 C1 量子重力陀飞轮腕表主要由钛和 18k 白色金制成，但是君皇还在制作过程中加入了硫化黑橡胶，并以此作为手表一大设计元素。君皇总共生产了 10 只 C1 量子重力陀飞轮腕表。

卡地亚：卡地亚卡历博大复杂功能腕表
Cartier: Calibre de Cartier Grande Complication

$483,000

虽然很多顶级奢侈品牌认为奢侈品的专属性源自其不为大众所知，但是卡地亚（Cartier）却是一个众所周知的奢侈品牌。对很多人来说，一生当中拥有一款卡地亚手表并不是什么不可思议的事情。尽管卡地亚以生产一系列入门级奢侈品著称，但是入门奢侈品仅仅处于高端奢侈品服务天梯的底端。高端奢侈品服务种类繁多，从订制香水到皇家珠宝不一而足。

过去 10 年，手表已成为卡地亚产品中越来越重要的元素。如今，卡地亚早已跻身"高级制表"的品牌行列。品牌所生产的高端手表不仅含自制机械机芯，而且在设计创新上也有其绝妙之处。首只引起手表界关注的超高端手表，是卡地亚限量版卡地亚卡历博大复杂功能腕表（Calibre de Cartier Grande Complication）。

当一款手表集合一系列复杂功能时，才能被冠以"大复杂功能"的名号。每一项复杂功能本身的制造难度就很高。把这些功能同时在一块表上实现，则使手表成为更为稀少、专属的存在。这只卡地亚大复杂功能腕表结合万年历（日历记录日期、月份和年份，还能显示闰年）、单按钮 30 分钟计时及手动上弦陀飞轮。机芯动力储备达 8 天。字母 C 形夹板固定陀飞轮，C 是品牌卡地亚的首字母。

卡地亚的王牌除了大复杂功能，还有高昂的价格，体现着卡地亚的雄心壮志。在这块表推出之前，大多数手表藏家们都没听说过价格接近 50 万美元的卡地亚手表。这块手表是卡地亚向手表市场上游的进军之作。手表表壳采用了相当于加大版的卡地亚卡历博设计风格。手表只有铂金款，总共计划生产 25 只。

朱利安·库德雷 1518：裁决 1515 腕表
Julien Coudray 1518: Competentia 1515

$490,000

很多品牌命名手表时，都会借用历史上制表师的名字。这些品牌中，有些自制表师发家一直经营到现在，有些则采用制表师历史名作的技术。可以说，这种"旧瓶装新酒"的做法是奢侈品行业所特有的。"手工"或"传统工艺"这类标签对奢侈品消费者特别具有吸引力。现在，钟表公司生产看起来像是历史名表的时计，这些时计广受藏家喜爱。

其中一家制表商为朱利安·库德雷（julien Coudray）。朱利安·库德雷本人活跃的年代距离现在有很长一段时间，这一事实将该品牌时计与其他手表区分开来。人们总会以为他是 18 世纪或 19 世纪的人物，事实上，他是 16 世纪的杰出制表师，居住在法国。那时的钟表与几百年后的钟表相比还很简陋。尽管如此，在朱利安·库德雷的时代，他仍是一位大师。朱利安是一位服务于国王的钟匠，据说朱利安·库德雷甚至还在 1515 年聘用莱昂纳多·达·芬奇为其工作了数年。

关于朱利安·库德雷有许多有趣的事，有信息表明，他发明了可携带时计。发条驱动时钟就发明于那个时候，直到今日，所有的机械机芯的动力都来自上弦的发条。

在朱利安·库德雷所处的年代，一件时计既是工具，也是超级富豪特权的象征。时计制造难度很高，制造之前的设计更是如此。钟表会经过制表师精心修饰，加入各种珍稀材料。那时，给贵族和社会上层人士所使用的物品装饰和加入贵重材料是约定俗成的做法。如今，品牌将这一习俗与现代时计相融合，通过一系列艺术加工手法，将各种珍贵材料融入裁决 1515（Competentia 1515）这款手表，使之从当下众多品牌的手表中脱颖而出。首先使之区别于其他手表的，在于手表表壳和机芯都是由黄金或铂金制成的。

由贵金属制成的表壳在高端手表上很常见，但是黄金或铂金机芯则较为少见。除了一些关键部件，裁决 1515 机芯内的绝大多数品牌自主生产的部件都是黄金或者铂金的（是黄金还是铂金，取决于手表的型号）。机芯含有陀飞轮擒纵和动力储备显示，手表背面还有白天／黑夜显示功能，手表背面有一根小指针，随日夜交替，会指向微笑着的太阳或月亮图案。

透过蓝宝石水晶展示窗口，可以看到机芯的背面应用了一种特殊的印刻手法。这种独特的印刻风格名为"法式花园"（Jardin à la Française）。手表表盘正面应用了两种珐琅，都是先经手工绘制，再烤制而成的。表面标记用的是传统的大明火珐琅，而表面中心则采用了镂空珐琅工艺。镂空珐琅工艺能营造出不锈钢质感，该工艺现在已相当少见。

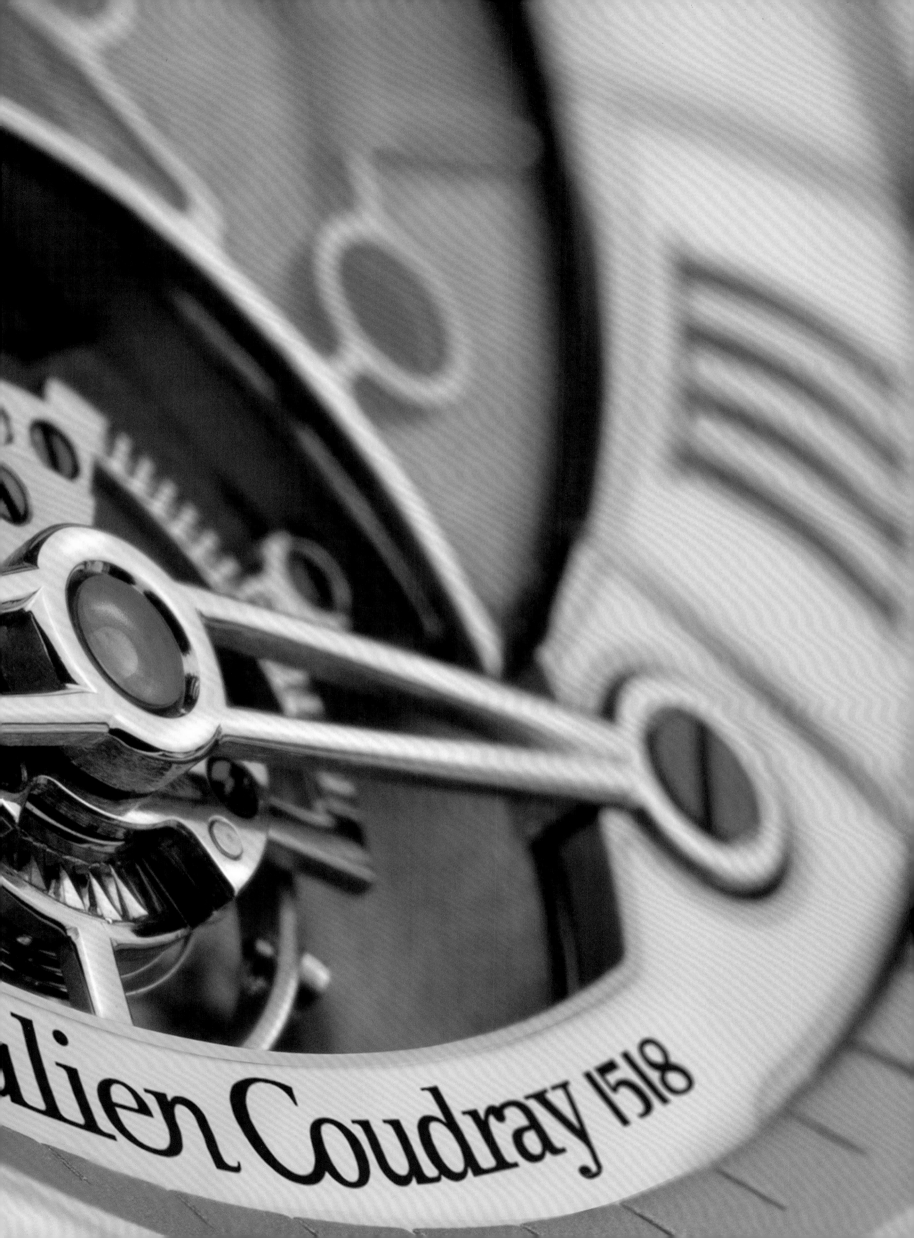

沃迪莱恩：三问格林威治时间腕表
Voutilainen: Minute Repeater GMT

$497,000

今日重要的独立制表师身边总围绕着一圈神秘的光环。不管是独立作业的制表师，还是独立制表团队，都受到藏家们的尊崇。原因有二。首先，身为独立制表师，他们可以按照自己的意愿制造手表。所以独立制表师在制表时，总是不慌不忙，因为他们只会制造那些能真正展现他们创意的作品。也就是说，买方在购买这些手表时，也在为制表师的个性买单。

第二个原因是，独立制表师们生产的时计更偏传统。对藏家们来说，传统十分重要，因为手表不仅仅是艺术品，更是一种具有实用功能的工具。传统工艺意味着机芯和表壳大部分是手工完成的。有些手表机芯和表壳甚至是纯手工打造的。不同制表师之间，手工完成度会不一样。其中很多都会在一定程度上借助现代科技，完成机芯和表壳的微小基础部件。尽管如此，还是有制表师不借助现代科技，全手工制表。

近距离观察芬兰制表师卡里·沃迪莱恩（Kari Voutilainen）制作的手表表面时，人们会发现很多表面带有"Hand Made"（手工制造的意思）的字样。即使是在其他手工手表上，这样的印记也相对少见。但这也说明了诸多手表爱好者喜欢这类手表的原因。沃迪莱恩的很多作品都是独一无二的。每款只有一只，而且未来也不会再制造一些类似款式的手表。或许，他的手表之所以大受欢迎，是因为手表巧妙、大胆地将现代科技工艺和精致艺术装饰融合在一起。

对高端独立手表而言，将美学和机械结合在一起，是保证手表获得成功的不二良方。三问格林威治时间腕表（Minute Repeater GMT）成功地让两者交融在一起。手表机芯为沃迪莱恩自主生产，是一款十分问机芯。在三问表中，十分问表较少见。十分问表在报时时，会先通过簧音报小时，再以10分钟为单位报分钟，最后报剩余分钟数。佩戴者通过数簧音知晓时间。大多数三问表都是先奏响小时数，然后以15分钟为单位报分钟（刻问），最后报剩余分钟数。

除三问报时外，沃迪莱恩还在手表中加入格林威治时间，作为手表第二时区。第二时区时间显示为24小时制，位于表面上手工雕刻的副刻度盘上，副刻度盘上还有太阳和月亮，以显示是白天或夜晚。手表主刻度盘用斯特林银制成，由手动操纵机器完成雕刻。刻度盘上的装饰图案相当细致。

不光独立制表师身边有神话光环，围绕制表师们的作品也是如此。沃迪莱恩为这款手表专门打造了独特的后盖。后盖上刻有来自希腊神话中的"七姐妹精灵"（Pleiades），7位精灵全身赤裸[1]。表后盖以蓝色珐琅为底色。七姐妹图案都经手工雕刻而成，身边还配有星星。表后盖通过螺栓与手表相连，打开后盖后，能一览手工制造并装饰的机芯。

1　译注：7位精灵合称 Pleidades，是泰坦阿特拉斯的7个女儿。

托马斯·普雷斯奇：三轴陀飞轮腕表
Thomas Prescher: Triple Axis Tourbillon

$500,000

制表师托马斯·普雷斯奇（Thomas Prescher）之前是一名德国水兵，有人曾问为什么他的三轴陀飞轮腕表（Triple Axis Tourbillon）能卖到超过 50 万美元，他很平静地回答："因为这块手表除我外没有人能造得出来。"这位制表师特立独行，是一支超级独立制表团队的一员。独立制表师们都会暗中打磨他们的手艺。托马斯·普雷斯奇有能力制造专属定制手表。对客户而言，卖点不仅在于手表本身，还有手表背后的大师级工艺。

三轴陀飞轮腕表可以说是托马斯·普雷斯奇取得的最高成就之一。早在 20 世纪 70 年代末期，钟匠理查德·古德（Richard Good）就在一款旅行钟上实现了三轴陀飞轮功能。托马斯·普雷斯奇是率先将三轴陀飞轮在腕表上实现的制表师之一。那什么是三轴陀飞轮呢？

现在的高端手表上，单轴陀飞轮相对常见。陀飞轮是一种能进行自转的擒纵机构，最初起源于 18 世纪，是为提高怀表和时钟的准确性而设计的。重力是时计准度的敌人。陀飞轮主要包括摆轮，摆轮不停摇摆。机芯越精确，手表走将就越准。在重力作用下，可导致摆轮出现误差，精度下降，所以追求完美的制表师痛恨重力。陀飞轮使摆轮自转，所以摆轮便无上下之分。不断旋转使得重力对摆轮每个部分的作用效果都相同，从而抵消重力的负面影响。

陀飞轮对腕表准确度的作用未经证实。但是，只要一块时计上出现陀飞轮，其装饰价值和档次就会有质的飞跃。了解了陀飞轮之后，更容易理解三轴点陀飞轮。围绕三根轴旋转的陀飞轮就是三轴陀飞轮。托马斯·普雷斯奇的三轴陀飞轮不仅看起来有意思，本身也很特别。整个陀飞轮被安装在表盘上的一个开口之中，由一根非常细的杆与手表相连。开口圆环每 60 分钟自传一周，所以圆环既是陀飞轮的一个旋转平面，又可作为手表分钟刻度盘。细杆本身也会旋转，作为陀飞轮的第二根轴。

如大多数单轴陀飞轮框那样，手表的陀飞轮框也会旋转，作为陀飞轮的第三根轴。因为陀飞轮围绕着三个方向不断旋转，所以才能被称为三轴陀飞轮。表盘上还有显示小时和秒数的副表盘。这款三轴陀飞轮腕表只接受定制，所以每一只都是独一无二的。

让·杜南：夏巴卡
Jean Dunand: Shabaka

$500,000

装饰派艺术是现代高端手表上最容易被忽略的设计形式。装饰派艺术风行于 20 世纪 20 年代，腕表也诞生于该年代。装饰派艺术的主题是将工业设计与艺术精妙之处相结合。该主题对 20 世纪和 21 世纪初期的手表设计，具有开创性影响。今天，一些顶级时计有装饰派艺术时期风格的影子，但是真正重现这一史上著名美学风格的时计却寥寥无几。

让·杜南（Jean Dunand）制作的几只手表却是个中特例。这些手表的灵感，源自装饰派艺术流行时期的顶级瑞士珐琅工匠。让·杜南的手表如此稀少，原因之一是因为品牌的每一只手工时计都是独一无二的。品牌绝不会制造两块相同的手表，每只手表都专属于一位客户。

让·杜南手表的机芯由瑞士制表工作室格睿时（Christophe Claret）提供。可以说，这是让·杜南的宝贵财富。手表夏巴卡（Shabaka）由两家品牌一起完成，该手表的装饰派艺术风格十分明显。时计融合艺术装饰线条与埃及艺术形式，庞大外形下包裹着复杂的机械结构。

归根结底，设计风格粗犷的夏巴卡还是一块大复杂功能手表，拥有万年历和三问功能。三问使手表能以美妙和弦报时，可通过表壳边上的滑杆启动。因为制表师在加入万年历时，考虑到了闰年的情况，所以万年历可不经调试运行超过 100 年时间。夏巴卡手表的大部分显示不是通过传统的窗口或表盘的方式实现的，而是通过铝制滚筒呈现出记录的信息。表面上还有月相显示。

手表机芯极为复杂，零部件数目高达 721 个。机芯和表壳很大一部分都由格睿时完成。不管格睿时的时计有多大，这位高端制表师总会考虑到时计的实用性和用户体验。表盖边上的按钮可以调节日历显示信息。按钮配有可调节锁扣，防止佩戴者无意触碰按钮。锁扣扣上时，便无法调整日历时间。

雅克德罗：迷人的时光之鸟腕表
Jaquet Droz: The Charming Bird Automaton

$500,000

18世纪中叶，皮埃尔·雅克–德罗（Pierre Jaquet-Droz）和其同伴足迹遍布欧亚，向各国贵族和社会精英推销时计。虽然皮埃尔·雅克–德罗不是唯一出售时计的制表商，但是却有着其他品牌所不具备的长处，使各国上层人士对他喜爱有加。皮埃尔到访过的国家包括英国、法国、瑞士（皮埃尔·雅克–德罗是瑞士人）、中国、印度，甚至还去过日本。虽然雅克–德罗的业务很大一部分是出售手表，但他还是一位了不起的机械玩偶技师。即使是以现在的标准来判断，他也配得上大师的称号。

在他所制作的玩偶中，有的是受客户定制，有的则仅做展示用，概不出售。皮埃尔·雅克–德罗带在身边的众多展示品中，有一样展示品非常有名，即写字机器人（the Writer）。机器人的外形是一名衣着体面的孩童，启动时，能够用羽管笔在纸上写出短句。写字机器人可以说是机器人的雏形。皮埃尔·雅克–德罗可以用软盘对机器人进行编程，让它在各位领主、要人面前，都能写出专属的问候语。机器人现存于瑞士，还会不时在前来的游客面前写出字条。据说该玩偶还是马丁·斯科塞斯2011年执导的电影《雨果》的一大灵感来源。

除写字机器人这样独一无二的玩偶外，皮埃尔·雅克–德罗还制作鸣鸟之类的玩偶。和写字机器人相比，鸣鸟要小一些。鸣鸟是雅克–德罗最喜欢的一类玩偶。通过机械及类似哨子的装置，机械小鸟变得栩栩如生。

2000年，斯沃琪（Swatch）旗下的制表品牌雅克德罗（Jaquet-Droz）继承了皮埃尔·雅克–德罗的遗志。为重现当初雅克–德罗本人所制作的鸣鸟玩偶，品牌花费的时间超过10年。经多年开发后，品牌终于制出了这样一款腕表。腕表表盘上有一只雅克–德罗式可动小鸟玩偶，这只2013年推出的手表名为"雅克德罗迷人的时光之鸟"（Jaquet-Droz Charming Bird），微缩后的小鸟真实再现了当初雅克–德罗的作品。

因体积过大，常规蓝宝石水晶表镜容纳不下小鸟身形，所以小鸟被安在如鸟笼般的水晶罩内。同雅克–德罗本人制作的玩偶一样，表中小鸟会跳来跳去、拍动翅膀，或借助活塞式哨子，模拟鸟叫声。表中小鸟与原版唯一的区别在于，原版小鸟的羽毛是真的。

贝克塞：起源三轴陀飞轮腕表
Bexei: Primus-Triple Axis Tourbillon

$500,000

有意思的手表，起源往往也很有趣。在超高端奢侈时计市场中，瑞士手表占据了半壁江山，但市场上还有世界各地的独立制表师，用作品实现他们对高端制表工艺的理解。其中一位便是居于匈牙利布达佩斯的独立制表师阿伦·贝克塞（Aaron Becsei）。阿伦·贝克塞生于制表世家，是家族中的第三代制表师。

他名下的品牌贝克塞（Bexei）是其姓氏"贝克塞"（Becsei）的变体，品牌每年手表产量不过数只。除制作手表外，他还提供钟表修复服务。近来，有些当代优秀制表师会花时间去修复古董计时设备。历史上有很多了不起的时钟技术，都被遗忘在历史长河之中。想重拾这些技艺，只能依靠修复古董时钟的人。

品牌贝克塞最伟大的作品当数起源三轴陀飞轮腕表（Primus-Triple Axis Tourbillon）。许多高端手表都有陀飞轮这项复杂功能，将摆轮安在陀飞轮内，并让陀飞轮框不断自转。多轴陀飞轮手表则是让摆轮和擒纵围绕多根轴旋转。

可以说，和单轴陀飞轮相比，多轴陀飞轮在实用性上并无优越性。多轴陀飞轮的实现，靠的是制表师的制表热情、工艺追求，以及创新精神。一张饭桌就能坐满世界上所有能制作三轴陀飞轮的制表师。

手表拥有开放式表盘，三轴陀飞轮位于中央，向周围展开，围绕不同方向以不同速度旋转。最里面一根轴的旋转周期为 30 秒，中间一根轴的周期为两分半钟。最外面的轴自转周期为 12 分半。贝克塞在手表机芯中使用了品牌专利珠宝齿轮。

起源（Primus）系列手表中所有零件都由手工制作、装饰而成。每一只表所需工时达数百小时。手表 18K 白色金表壳 40 毫米宽，表面上有手工雕刻的阿拉伯式花纹图案。贝克塞手表恰如其分地展现出经典巴洛克风格。

表面上小时、分钟和秒数显示在三个不同的表盘上。手表还有动力储备显示。贝克塞所生产的手表代表着布达佩斯独立制表之精粹。品牌每一块手表的大部分工序由每位制表师独立完成。

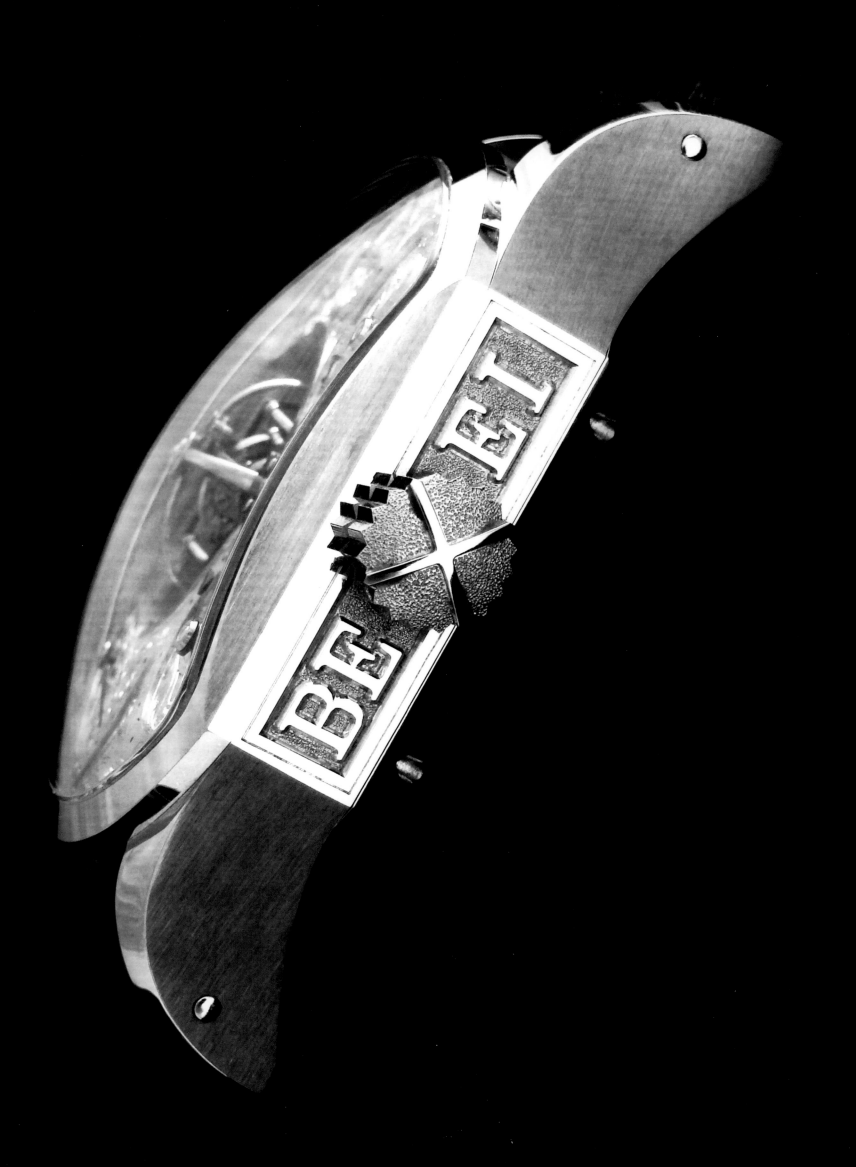

爱彼：千禧五号爱彼独家擒纵万年历腕表
Audemars Piguet: Millenary No.5 AP Escapement Perpetual Calendar

$503,700

时间川流不息，指针亦是周转不停。制表师们虽然制造出了圆形表盘手表，但是早在数百年前，他们就开始探索非规则形状的时计。爱彼的品牌吸引力，体现在椭圆形宽铂金表壳上。表壳外形圆润，酷似鸟蛋。这一设计被应用于一只非常规高端腕表。

虽然千禧五号爱彼独家擒纵万年历腕表（Millenary No.5 AP Escapement Perpetual Calendar）的每一项功能在之前的手表中都曾出现过，但是这块手表的特别之处在于机芯设计思路，它的一些特色甚至有助于定义现代制表工艺。这块手表值得称赞之处在于其额外的复杂功能，这些功能不仅提高了手表性能，还使佩戴者可以调节日期和时间。

表盘显示时间和万年历。日历可显示日期、月份、星期，还有闰年显示。也就是说佩戴者永远都不需要调校日期。表盘上还有动力储备显示，上满一次可保证手表运行一整周。

2006 年，爱彼（Audemars Piguet）选择在这款手表上推出了一项名为"爱彼独家擒纵"（AP Escapement）的创新。所有机械表都有这样一套调节系统，系统中包含摆轮和擒纵。手表上所利用的大多数技术约源自 19 世纪。自那以后，在擒纵上有改进或者创新的手表品牌少之又少，爱彼却是一个特例。擒纵不断将动力经由游丝传至机芯，所以擒纵对手表的准确性至关重要。爱彼独家擒纵采用全新的双游丝正向脉冲擒纵，使得系统更为持久、稳定，继而提高了手表的准确性和稳定性。手表秒针为跳动式，而非扫动式。

千禧五号机芯的设计使调整日期时间变得相对简单。与许多万年历手表不同之处在于，这只手表的日期既可以往前调，也可以往后调。爱彼只生产了 20 只千禧五号腕表。

朗格：陀飞轮计时腕表
A. Lange & Sohne: Tourbograph

$508,000

大多数品牌会自主设计钟表，但自主研发手表合金的品牌却几乎没有。德国奢侈品之王朗格（A. Lange & Sohne）有资格说他们有独创的金合金。除了18K玫瑰金或白色金这类常见金合金，朗格独辟蹊径，为其手表开发出了一种名为"蜂蜜金"的合金。与使用频繁的18K玫瑰金相比，蜂蜜金的颜色更浅。作为玫瑰金之外的另一个选项，蜂蜜金恰如其分地体现出合金色调更暖这一特点。蜂蜜金的硬度大概是黄金的两倍，其防刮性更好。

2010年，朗格选择陀飞轮计时腕表（Tourbograph），作为首次使用所开发新贵金属手表中的一只。为了展现蜂蜜金的美感，品牌一共推出了3只腕表。其中，陀飞轮计时腕表是最耀眼的那只。表名"陀飞轮计时"（Tourbograph）由"陀飞轮"（tourbillion）和"计时表"（chronograph）两个词缩合而来，手表拥有这两项复杂功能。虽然蜂蜜金版陀飞轮计时腕表推出于2010年，但是原版手表最初推出于2005年。该手表是德国"过度工程"（overengineering）的典范，机芯有超过1,000个零部件。

在藏家看来，不管朗格的机芯有多复杂，其机芯设计和装饰都令人赏心悦目。手表每个部件都经手工打磨。为了保证每一块机芯的质量，部件会先组装起来，拆卸，然后再组装起来。品牌因上述两大特点而深感自豪。

从表盘来看，手表拥有陀飞轮式擒纵和计时功能。然而，机芯还藏有与手表价值和名声相匹配的双秒针追针计时功能，这项功能增加了手表的复杂性。机芯还拥有一套芝麻链传动系统，通过该系统，游丝通过一根自行车式链条，将动力传输至机芯其他部分。

手表的设计偏保守。与其他朗格手表一样，陀飞轮计时腕表在注重实用性的同时，还留有传统制表工艺。即便多年以后，陀飞轮计时腕表仍深受藏家青睐。

格睿时：索普拉诺
Christophe Claret: Soprano

$525,000

音乐性手表的传统可追溯至钟楼。过去，许多城市和村庄都建有一座大钟楼。有些居民看不清钟楼的时间，所以需要通过敲钟来告知居民们一天中的重要时刻。

钟楼后来转变为自鸣钟，只有超级富豪家中才有。自鸣钟会每天准点报时，几点就敲几下。18 世纪末期，怀表开始流行。报时功能也就移植到怀表上。三问和自鸣功能由此应运而生。三问功能需手动启动。拉动怀表上的拔杆后，方可启动三问报时。自鸣表更像传统钟楼，每隔一段时间自动响起，佩戴者可设定两次报时的时间间隔。

如今，腕表的三问被视为最难实现、最难精通的复杂功能。制表师格睿时（Christophe Claret）自制表生涯伊始就接触三问机芯。于是对这位天才独立制表师而言，想制造出世界上最好的三问手表也就不足为奇。

2012 年，格睿时推出手表索普拉诺（Soprano）。手表的陀飞轮机芯拥有三问功能。腕表的和弦给人留下了深刻的印象。手表中的 4 根簧条能原音重现西敏寺的报时钟声，该钟声编于 1793 年。

大多数三问表只有两根簧条，索普拉诺却有 4 根。可以说，索普拉诺的"音域"是其他常见三问表的两倍。这块手表的惊艳之处不止于此。在设计它时，格睿时利用特殊软件来实现簧音的极致。部分机芯和表壳部件由钛金属制成。钛金属不仅重量轻，而且声音传导效果极佳。

设计现代的索普拉诺手表有全开放式表盘。虽然手表夹板的设计源自 19 世纪，但是这款手表仍算得上非常现代的时计。品牌甚至还用红宝石和各种玛瑙把手表的指针裱起来。与其他三问表相比，索普拉诺显得与众不同，手表限量生产 16 只。

梵克雅宝：诗缘情侣对表
Van Cleef & Arpels: Poetic Wish Set

$530,000*

位于巴黎的高端手表与珠宝制造商梵克雅宝深知如何赋予奢侈品情感。事实上，用梵克雅宝自己的话来说，他们所制造的很多时计都拥有"诗意复杂功能"。甚至梵克雅宝的工程师都致力于让人们从手表中获得一些特别的感受。

2012 年，梵克雅宝大胆地推出了一双情侣对表，展现出品牌对浪漫、艺术和珍贵材料应用之功力。借助巴黎两座地标性建筑，两只富有诗意的手表讲述了一对恋人间的爱情故事。两只手表的机芯都非常复杂，表面均由手工绘制完成。

手表惊艳之处在于其独创性的时间显示方式：单看表面无法知晓时间。事实上，为了知道时间，必须启动手表三问报时功能。三问报时功能启动后，表面上两个可动部件会移动到对应位置，指明时间。这块表为五分问表，三问功能播报距离该时间最近的五分时刻。

女款手表采用梵克雅宝传统表壳，镶有一圈钻石。表面绘有著名的埃菲尔铁塔，表面上，一位女士站在塔上，远眺巴黎圣母院。圣母院旁有一条河。表面由手工制造，表面上各种颜色是通过珐琅和雕刻黄金、珍珠母贝实现的。上述工序要借助显微镜，耗费工匠大量时间后，方能完成。

男表表面上画面时间为午夜，与女表相呼应的是，画面中男性站在巴黎圣母院上，远眺埃菲尔铁塔，即其心上人的位置。虽然男表和女表采用了相似的工艺，但最终效果却完全不一样。表面主要以夜空为主，云朵及其纹路则由珍珠母贝雕刻而成。

透过开放式表后盖可观察到手表机芯，机芯有一些创新性特征，旨在改进和弦的效果。通常簧条都和表壳相连，使和弦变得更低沉。为了消除表壳对和弦的不利影响，手表中的簧条没有与表壳相连，转而安装在蓝宝石水晶上。

---

* 男款钻石表圈版价格为 53 万美元（约合人民币 350 万元），女款钻石表圈版价格为 47 万美元（约合人民币 310 万元）。

希望之光：宽恕陀飞轮三问腕表
Spero Lucem: La Clémence Tourbillon Minute Repeater

$532,000

第一眼看到这款手表时，不难发现宽恕（La Clémence）是一系列高端复杂功能在传统经典设计手表上的低调再现。圆形表壳和表盘的搭配简约而不简单，呈现出柔和的金属光泽。透过表盘上的一系列镂空，能看到机械机芯和内部构造。在藏家眼中，这一腕表的设计是钟表技艺魅力与舒适保守佩戴体验的完美结合。

尽管如此，这款由新晋品牌希望之光（Spero Lucem）发布于 2013 年的手表还有一大特色，就是手表的品牌名称。品牌名在给人带来好心情的同时，还反映出品牌的个性。品牌名为拉丁语，意为"我期望光明"（Spero Lucem），引自拉丁俗语"黑暗之后，我期望光明"（post tenebras spero lucem）。这句话曾被虔诚的加尔文教徒所喜爱。历史上，加尔文教徒曾是瑞士，尤其是境内日内瓦地区人口的主要组成部分。

加尔文教徒排斥装饰物与奢侈品，但是也有例外。一些功能性物件可以兼具装饰功能，例如一块表或一座钟。有人认为奢侈品钟表是 16 世纪新教改革的产物。那时，加尔文教徒与新教派信徒一起脱离了曾占主导的天主教后，各自成立了新的基督教团体。钟表的奢侈属性也因此藏于钟表器具的外表之下。

这只腕表含有一项隐秘的复杂功能——"疯狂指针"（the "Crazy Hands"）。除陀飞轮这一复杂功能外，腕表的三问报时可以精确到分钟。三问功能启动后，手表会发出一系列声响，佩戴者通过这些声音就能确定时间。该功能启动时，边缘表盘的指针会无规律地随机转动。报时结束后，指针能准确回归到正确时间。品牌表示，疯狂指针这项复杂功能被称为"微笑引诱剂"，旨在庆祝日内瓦悠久的历史遗产。三问功能还是佩戴者地位与财富的标志，尽管不那么明显，但这也是瑞士社会习俗中很重要的一个方面。

时间大师 :"第一章"圆形透明腕表
Maitres du Temps: Chapter One Round Transparence

$540,000

一家优秀手表品牌背后必然会有一批出色的制表师。品牌时间大师（Maitres du Temps）创立之初，创始人团队认识到，对高端时计而言，与其通过品牌形象宣扬其价值，倒不如通过制表师的性格。正因如此，品牌致力于通过与世界上最杰出的制表师公开合作，制造时计。品牌于 2008 年推出的首款手表"第一章"（Chapter One）由三位制表大师格睿时、罗杰·杜彼和彼得·思彼－马仁合力完成。

手表的桶形表壳长 62 毫米、宽 45 毫米。表壳非常大，以至大多数人的手腕都戴不上这款表。品牌设计和技术实力在这块手表上体现得淋漓尽致，也为品牌未来作品奠定了一个极高的起点。手表设计优美、工艺复杂，还有一些前所未见的特征。

虽然三位尊贵制表师一起参与手表的设计，但机芯主要是由格睿时在其位于瑞士的顶级制表工作室内完成的。机芯有两项创举。首先，如图所示，表壳上方与下方分别安置有一个滚轴。上滚轴显示月相，下滚轴显示星期。手表的第二项创举是在表壳边缘按钮中加入了一根滑杆，防止按钮被无意按到。按钮用于调整手表时间（比如日期）。新加入的安全系统被认为是一项相当巧妙的发明。按钮功能被清晰地刻在表壳后面，这在高端奢侈品手表上并不常见。

手表表面显示有时间、双时区、日期，还能透过表面看到陀飞轮。手表还拥有计时功能（计时功能只有一个按钮，计时开始、结束、重置功能都由该按钮实现）。这只手表复杂且引人瞩目，时间大师希望制表师们能尽可能地展现他们的设计潜力。

2010 年，时间大师推出这款手表的后续款式，名为圆形"第一章"（Chapter One Round）。新款型所用机芯与原版一样，但表壳和表盘却完全不一样。手表表壳更为圆润，与原版桶形表壳相比，圆润表壳极大地提高了手表佩戴体验。虽然体验有所提升，但是手表却只限量生产了 11 只。

系列中最令人印象深刻的型号当属 2013 年推出的"第一章"圆形透明腕表（Chapter One Round Transparence）。在前作的基础上，新款手表的镂空表盘展现出手工修饰后机芯的大部分零件。机芯零件数目高达 558 个。与前作一样，时间大师只限量生产了 11 只"第一章"圆形透明腕表。

海塞珂：巨人腕表
Hysek: Colosso

$550,000

2005 年左右，超高端奢侈品手表行业中有这样一种观念：一样物品设计得越过度越好。这一观点按当时来看非常新潮，因为当时的情况是制表师们的作品无人问津。当时制表师们的目标是制造超出想象的作品，以满足品味日渐挑剔的藏家们，给他们留下深刻印象，激起他们心中的喜爱之情。这一想法能够打动高端手表的买家，因为造出一款之前被认为不可能实现的手表正好能满足购买高端手表人群的新鲜感。

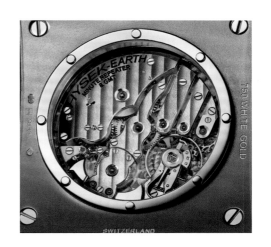

这种心态和许多大公司及独立制表工作室的出发点完全不一样。制表师和设计师们对于市场需求的理解往往偏主观，所制造出的手表多是制表师和设计师们自己希望佩戴的手表。

只有那些不循规蹈矩的手表才能引起人们的兴趣，对于价格超过 50 万美元的手表来说更是如此。引起人们震惊和喜爱的黄金年代的最后作品，便是品牌海塞珂（Hysek）推出的巨人（Colosso）这款腕表。品牌创始人是知名手表设计师约格·海塞珂（Jorg Hysek），但是，当巨人腕表于 2008 年亮相时，创始人约格·海塞珂已离开了自己创立的品牌。即使已离开，他所留下的先锋、独特又实用的设计风格却继续影响着品牌，使之成为行业中颇具特色的一家制表公司。

看到这只手表时，许多人首先注意到的便是地球三维模型。模型由蓝宝石水晶圆顶包被，每 24 小时自传一周，同地球自转周期一致。这一特征给人留下了深刻的第一印象。简而言之，这只手表能显示多个时区时间，独特表壳下包裹着三问机芯，透过蓝宝石水晶和黄金制成的表壳，可以观察到机芯的内部构造。

受实用性限制，三问旅行表十分少见。手表之所以显示格林尼治时间或其他时区时间，是为了让佩戴者在不同国家旅行时，能够知晓当地时间和本地时间。手表第二时区的时间由表壳底部的两根立柱显示。触动按钮可以转动城市名称圆盘，可以透过表盘上一开口观察到城市名，让佩戴知晓立柱时间所对应的具体城市。

本地时间则通过传统式表盘显示，同时有另外两个圆盘显示日期。透过各种显示，可以生动地观察到庞大手表机芯内部复杂的机械结构。手表还有三问功能，触发之后，可以将时间以簧音的形式报给佩戴者。因为这些复杂功能都很脆弱，所以含有这些功能的旅行表很少见。手表包装盒由一类树木化石制成。

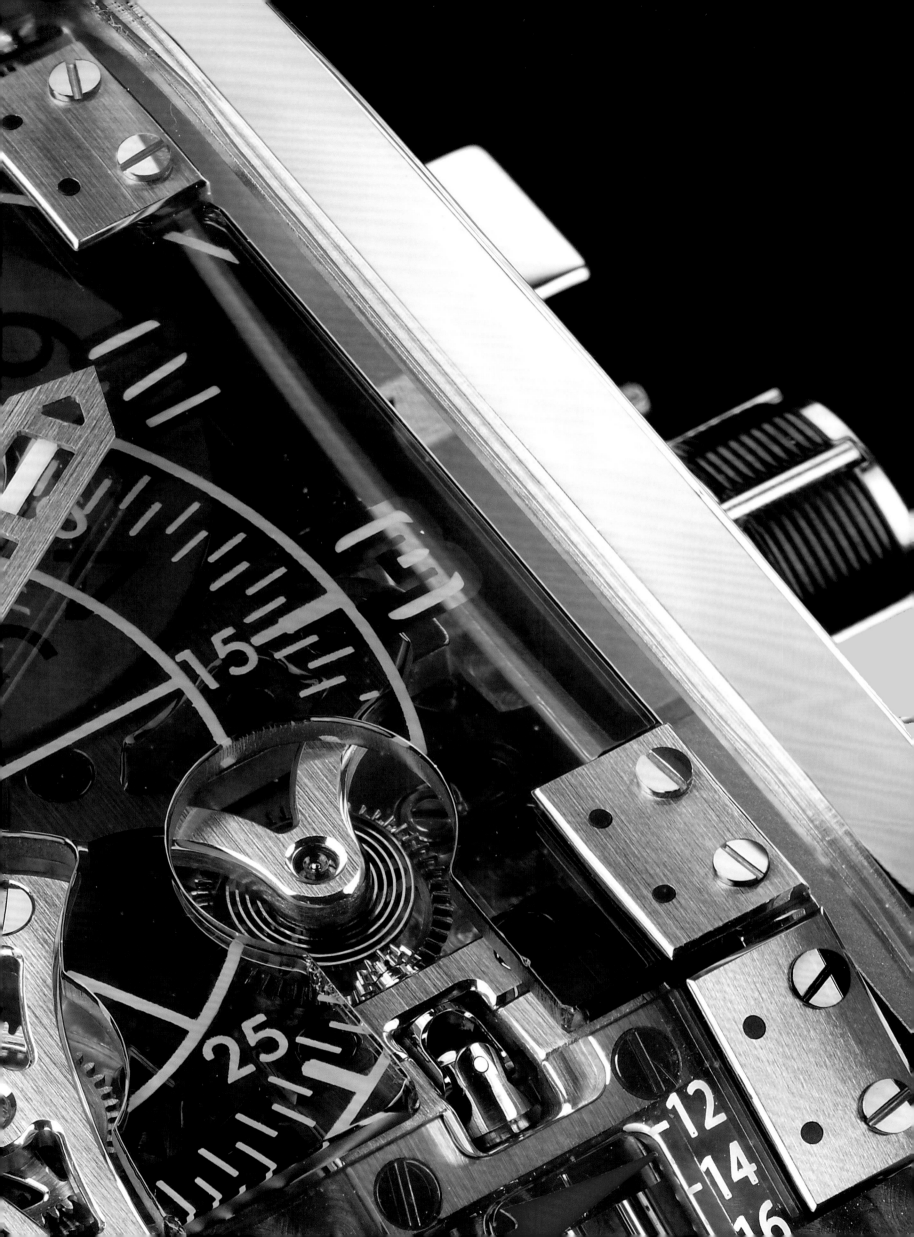

高珀富斯：双陀飞轮工艺腕表
Greubel Forsey: Double Tourbillon Technique

$550,000

罗伯特·高珀（Robert Greubel）和斯蒂芬·富斯（Stephen Forsey）两位制表师造出了世界上打磨最精细的时计，两人在一起组成一对十分有趣的二人组。顶级奢侈品手表中，打磨是一大主要元素。打磨是一个较为宽泛的术语，指的是为了美化手表表壳、表盘及更重要的机芯，而对一些细节所做的修饰工作。

打磨和"装饰"这一概念息息相关，体现在部件表面的抛光和一些手工工序中。几乎高珀富斯（Greubel Forsey）机芯的所有零部件都经过手工装饰。现代机械手表的机芯通常都会用由工业级精确切割和精确钻孔工艺制造的零部件。虽然在一些极端例子中，一些部件确实可由手工完成，但是人工的准确度终究还是比不上现代车间中的数控机床、激光切割和电级丝熔蚀。

制造高端手表时，制表师完成所有机芯零件后，会检查并打磨这些零部件。通常，打磨会在显微镜下完成，所应用的一些技术最早可追溯至几个世纪前。在打磨过程中，会用到各种方案，包括使用特定树木的木材。像高珀富斯这样的品牌，会对手表的每一个部件进行上述处理。如此一来，组装起来只需要数个小时的机芯会耗费制表师几周的时间来打磨。

高珀富斯双陀飞轮工艺腕表（Double Tourbillon Technique）的全开放式表盘将这一匠人精神体现得淋漓尽致。手表机芯由385个零件组成，机芯毫无保留地展现出来，供人欣赏。机芯运行时，那些运动的齿轮、抛光的表面和精心切割的边缘一起运动，就像一个微缩宇宙。高珀富斯还将小时刻度印在表圈内边缘上的透明蓝宝石水晶上，秒针刻度则刻在陀飞轮上方。

机芯有一套双陀飞轮系统。之所以叫双陀飞轮，是因为这套系统内部有一套周期为60秒的小陀飞轮，在该小陀飞轮的外部还有一套周期为4分钟的大陀飞轮。机芯上弦之后可运行时间长达120小时，一次上弦足够使用超过半周。高珀富斯提供不同材质的手表型号，包括18K红金版、铂金版和钛金版。在表壳的侧面边缘刻有制表师对不同顾客的密信，使每一只都成为这世界上独一无二的手表。

格睿时：双带夜鹰腕表
Christophe Claret: DualTow NightEagle

$595,000

多年来格睿时和他严加保密的工艺将许多人对于机械表的幻想变为了现实。手表品牌，不管是大众还是小众，都曾依靠格睿时的瑞士工作室设计并制造那些被寄予厚望的时计。格睿时本人因技艺精湛而出名，其新作的设计和功能还时不时引得整个行业的称赞。但是在很长一段时间里，他的名字都不为人所知。

2008 年金融危机之后，格睿时决定转变其商业模式，并创立全新同名品牌。虽然还是会向行业内其他公司提供设计与制造服务，但是将会集中精力大力发展自己的同名手表品牌。品牌使命是借用现代世界元素，来解读并重现传统制表工艺。今日的机械表在格睿时眼中，是一样有趣且充满感情的玩具。

玩具能唤醒人们心中的激情，而这也正是格睿时手表想要达到的效果。品牌名下的首款作品是于 2009 年推出的双带（DualTow）手表。虽然公司并未宣传，但手表相当于格睿时制表生涯 20 周年的纪念之作。这一惊人的手表有着纯订制长方形表壳，顾客可通过双带腕表设计器（DualTow Configurator）在网上定制。品牌表示客户定制时，可随意选择手表的颜色。

手表的时间显示在两根带有类似轮胎纹路的传送带上，其中一根显示小时数，另一根显示分钟数。毫无遮掩的机芯还带有长达 12 小时的计时功能，还有一套非凡的行星齿轮系统和一套陀飞轮系统。手表最有意思的细节之一在于它将三问功能的簧音系统和手表计时功能结合在一起：每当按动计时功能的按钮时，都会触发三问功能的击打系统，发出一声簧音。格睿时坦言，这一功能的灵感源自手机按键音，或输入某些信息时发出的声响，意在将手表与现代生活方式结合起来。

2010 年，格睿时推出了这款手表的改进版本，名为"双带夜鹰腕表"（DualTow NightEagle）。新款手表比前一款给人的印象更深刻。后续版本表壳和表盘的设计灵感源自现代军事隐形飞机的犀利外形，诸如美军的 F-22 猛禽和 F-117 夜鹰。和原版相比，新版手表的颜色选择范围更窄，因为格睿时认为相比之下，"夜鹰"的颜色应该更深、更暗。此外，夜鹰的表盘展现出更多的机芯部分，而且表面的透明基板，应用了人体工学设计，由蓝宝石水晶制成。双带夜鹰腕表限量生产 68 只。

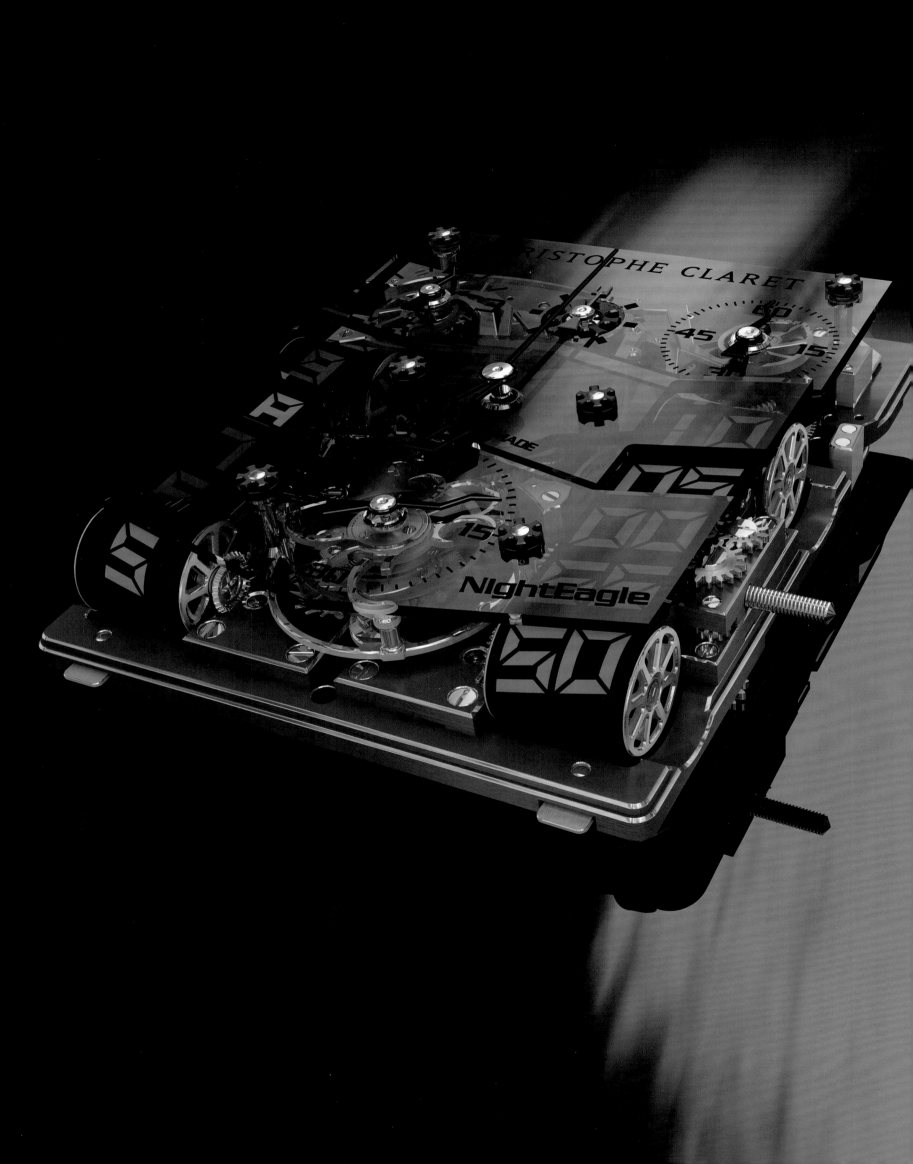

阿尔伯特·爱因斯坦的浪琴表
Albert Einstein's Personal Longines

$596,000*

有时，一块腕表之所以珍贵，不是因为手表的技术特色，也不是因为其在制表行业具有重要意义，而是因为手表曾经的主人很有名并且珍爱这只表。2008年，阿尔伯特·爱因斯坦生前拥有过的一块手表在拍卖行拍卖，成交价格超过50万美元。手表由瑞士制表厂商浪琴产于1929年，表上刻有献给爱因斯坦的文字，放在当时，这块手表属于较为常见的一款高档金表。它之所以能吸引藏家，原因可能是某位要人在日常生活或某个特定场合上佩戴过这只腕表。如果一块手表不仅被名人或要人拥有过，而且手表主人还很喜欢这块手表，那么它的价值将会进一步提高。这种升值元素是名人手表所特有的。

2008年，安帝古伦（Antiquorum）拍卖行在拍卖这只手表之前，曾估计手表成交价格不会超过35,000美元。实际成交价却是这一价格的十几倍。估量一块像爱因斯坦这样的名人曾拥有的手表的价值时，有一个方面很关键，即确认这块表真的是一只名人表。虽然表壳背后刻有"阿尔伯特·爱因斯坦教授，洛杉矶，1931年2月16日"（Prof. Albert Einstein, Los Angeles, Feb 16, 1931）的字样，但是仅凭这点，还不足以证明爱因斯坦就是手表的主人。

幸运的是，有很多历史证据证明手表确实为爱因斯坦所有，包括他接受手表馈赠时的证词，以及爱因斯坦佩戴着手表的照片和剪报。如果一位有社会地位的人士的手表要达到很高的价格，必须先借助各种历史证据，证明手表不是赝品。

这块浪琴表不是爱因斯坦自己买的（据悉，爱因斯坦有另外一块浪琴怀表）。1931年，当爱因斯坦在拜访加州理工大学（位于洛杉矶周边小镇帕萨迪纳）时，他碰到一位在洛杉矶地区颇有名望的拉比埃德加·马格宁[1]（Edgar Magnin）。这位拉比在威尔希尔大道（Wilshire Boulevard）寺庙工作了69年之久。他还被称作"星辰拉比"，在当地政治和民权活动中十分活跃。1931年2月16日，受拉比邀请，爱因斯坦去洛杉矶出席一场午宴。宴上，拉比代表洛杉矶地区的犹太人群体将手表赠送给爱因斯坦，因为他们认为爱因斯坦是一位有杰出贡献的犹太人。在这次午宴上，爱因斯坦的妻子也收到了一只手表作为礼物。

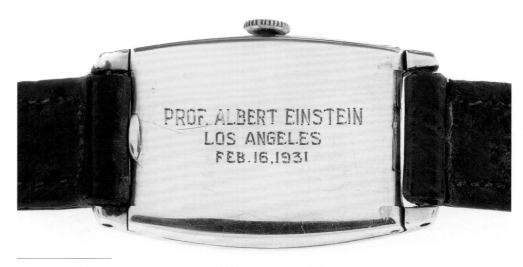

---

* 手表于2008年10月，以59.6万美元的价格成交于纽约安帝古伦拍卖行。
1 译注：拉比为犹太教牧师。

塞西尔·珀内尔：海市蜃楼腕表
Cecil Purnell: Mirage

$601,000

在瑞士境内及周边，大多数手表品牌都是像塞西尔·珀内尔（Cecil Purnell）这样的独立精品制表商。受产量和渠道限制，顾客要想买到类似品牌的手表，多要靠机缘巧合，甚至想了解品牌相关信息，都必须先认识内部工作人员。

小型独立品牌的手表和这些品牌的顾客一样，各种各样。有些独立品牌制表风格偏经典，手表样式保守一些。但是塞西尔·珀内尔更倾向于给那些认为"什么表我没见过"的富豪藏家带来惊喜。品牌的旗舰手表海市蜃楼（Mirage）着实给人留下了深刻的印象。在表壳材料的选择上，制表师没有选择贵金属，而是选择了更硬、更耐磨的合成蓝宝石水晶。

手表之所以叫"海市蜃楼"，是因为表壳是全透明。手表以一种富有挑逗性的方式，将手表机芯展现在人们面前。机芯陀飞轮很大，还拥有动力储备显示和自鸣功能。整点时，机芯内击锤会敲击一根细金属线圈。金属线圈的作用相当于音簧。所以手表不仅可以用来观赏，还可以用来听。

手表融合了古典与现代，形成一种独特的风格。这是一款散发着现代设计魅力的传统机械表。从某种程度来说，只有佩戴者能决定这只手表的个性到底是什么。塞西尔·珀内尔总共只生产了 5 只海市蜃楼腕表。

乔治·丹尼尔斯：共轴计时腕表
George Daniels: Co-Axial Chronograph

$619,092^*

如今，伟大的制表师已为数不多，究其原因，主要是人们可以通过电子设备知晓时间。坚持下去的制表师不是为了追随儿时的梦想，而是因为无法抛弃对手表制造的热爱。与许多前辈（及后辈）一样，英国制表师乔治·丹尼尔斯（George Daniels）在机缘巧合下，成了一名制表专家。可以说，2011 年去世的他，是 20 世纪最伟大的制表师。

当初，丹尼尔斯致力于改进机械表这种艺术形式，但很多人认为这种艺术形式在 100 多年前就定型了。现代制表通常都是对历史进行解读或复刻，但是丹尼尔斯想创新、改良制表工艺。20 世纪 70 年代，他成功发明出"同轴擒纵机构"，这一发明提高了机械表调速机构的稳定性和使用寿命。

20 世纪 90 年代时，丹尼尔斯将同轴擒纵技术卖给欧米茄后，同轴擒纵名声大噪。时至今日，这一技术已成为欧米茄的品牌标志。

1986 年，同轴擒纵技术首次出现在时计上。乔治·丹尼尔斯毕生总共完成 37 只时计，共轴计时腕表（Co-Axial Chronograph）是他最出色的作品之一。

这只手表及其机芯由纯手工制作而成，含有一枚每 4 分钟旋转一周的陀飞轮，还有同轴擒纵机构、计时、动力储备和时间显示这些功能。共轴计时腕表的美学理念源自 17 世纪和 18 世纪的制表技术。除了具有充满历史感的外观，这款手表还是一项技术奇迹，因为它证明了同轴擒纵的作用。

丹尼尔斯于 2011 年去世，部分遗产进行了拍卖，拍卖品之一便是这只独一无二的共轴计时腕表。2012 年，在伦敦苏富比拍卖行的拍卖会上，手表以 6,385,250 英镑的价格成交。

乔治·丹尼尔斯还写过几本书，其中一本名字就叫《制表》（Watchmaking）。少数感兴趣的读者，根据这本书的指导，完成了自己的手表。其中一位读者是来自博尔顿的罗杰·W.史密斯（Roger W. Smith），此人最后成为丹尼尔斯唯一的一位学徒。作为他的学徒，罗杰·W.史密斯继承了老师的制表工艺。罗杰·W·史密斯在丹尼尔斯曼岛上的工作室内，制作自己的时计。

宝格丽：玛格索尼克自鸣陀飞轮腕表
Bulgari: Magsonic Sonnerie Tourbillon

$620,000

关于玛格索尼克自鸣陀飞轮腕表（Magsonic Sonnerie Tourbillon），可以讨论的事情能写成一本书。这是一块属于计算机时代的传统机械表，手表拥有丰富的细节和各种复杂功能，同时还具有神秘元素。这些特点一起提升了这块表的拥有体验。宝格丽（Bulgari）早就意识到解释玛格索尼克自鸣陀飞轮腕表的各项特色是一件多么恼人的事情，所以品牌直接开发出一系列应用来展示手表的工作原理和功能。

这款手表还借助一系列加密的和弦，将时间汇报给佩戴者。自鸣手表每隔一段时间就会自动报时，例如每隔一个小时报时一次。和其他自鸣手表相比，这块手表功能性更强，音域更广，所以相比之下也更为复杂。手表能演奏《西敏寺管风琴曲》，编曲基于伦敦西敏寺教堂（议会大厦）的钟声和弦，这座教堂借助一系列和弦声报时。

这款手表诞生于另一个品牌，该品牌以已故的 20 世纪手表设计师杰拉德·杰塔（Gerald Genta）的名字命名。宝格丽于 2010 年经济危机期间并购了该品牌。手表原名为"玛格索尼克自鸣陀飞轮"（Magsonic Sonnerie Tourbillon），后更名为"玛格索尼克"（Magsonic）。玛格索尼克不仅仅是一个好听的新表名，还是为手表开发出来的一种合金。宝格丽在开发合金的过程中，利用计算机模拟，使玛格索尼克合金的表壳能加强声音的传播效果。通常表壳都会吸收机芯的和弦声。手表原材料主要是玛格索尼克合金和钛合金。

手表外形极具巴洛克风格，表壳上有各种各样的按挚和表冠。手表上还有很多开关，允许佩戴者合理地应用手表的一系列功能。错综复杂的机械机芯由超过 900 个零件组成，世界上有能力组装这样复杂机芯的大师级制表师寥寥无几。手表表面显示着时间，并展示着陀飞轮。

购买玛格索尼克自鸣陀飞轮腕表不光是买了一块表。这样卓越的手表配有同样卓越的展示盒。宝格丽为这款表设计了一只透明展示盒，可通过指纹解锁打开。盒子打开后，手表会借助类似电梯的装置，呈现在佩戴者面前，之后整个盒子都会亮起来。

海瑞·温斯顿：史诗陀飞轮三号腕表
Harry Winston: Histoire de Tourbillon 3

$622,000

海瑞·温斯顿（Harry Winston）制造的专属限量版史诗陀飞轮（Histoire de Tourbillon）系列手表虽然不算出名，但是极具创意。说到世界上最独特的时计，该系列手表可谓榜上有名。2009年，海瑞·温斯顿推出史诗陀飞轮一号腕表（Histoire de Tourbillon 1），品牌再一次给行业带来了惊喜。海瑞·温斯顿称其重新解读了陀飞轮。史诗陀飞轮系列计划推出5款手表，这一系列为超级奢侈品手表世界添加了几分原创的色彩。截至2013年，该系列的第5款手表还未问世。

2012年，海瑞·温斯顿推出系列第三款手表史诗陀飞轮三号腕表（Histoire de Tourbillon 3）。值得一提的是，系列的每一代与同系列其他手表都不一样。每只手表上都有黄蓝色的品牌标志，都以创新的方式展示出陀飞轮。每一代手表都非常独特。

为何品牌如此关注陀飞轮，之后又将其解构呢？18世纪后期，陀飞轮最先出现在怀表上，是一套能自转的擒纵机构。过去，陀飞轮的出现是为了提高时计的准确性，如今，陀飞轮在腕表上主要起装饰作用，同时标志着佩戴者的地位。一个人如果有一块陀飞轮手表，说明他很富有。单纯从奢侈品手表的角度出发，海瑞·温斯顿想玩转这一概念：不光是想象出不同样式的陀飞轮，更是去探究时计的不同形式。

史诗陀飞轮三号腕表表壳宽65毫米，利用18K白色金和海瑞·温斯顿特有的合金锆合金制成。手表外形如一个盒子，时间借助两个圆盘显示，一个显示小时，另一个显示分钟。透过表面上的大开口可以看到机芯的三枚陀飞轮。

在这一代史诗陀飞轮腕表上，海瑞·温斯顿为每一只手表都安装了三枚陀飞轮。最大的是一枚双轴双陀飞轮，内里的陀飞轮每40秒一转，外部陀飞轮每120秒一转。右边是手表的第三个陀飞轮，转一周需36秒。两个摆轮围绕着三根轴同步旋转，展现出制表师精湛的技艺。

虽然史诗陀飞轮系列手表不以珍稀宝石为主打，但史诗陀飞轮三号还是很巧妙地融入了品牌最著名的宝石元素。表盘右下方显示有动力储备，让佩戴者知晓何时需为手表机芯上弦。动力储备标记上镶有11颗蓝宝石和3颗黄水晶。当指针扫过黄水晶时，说明需要给机芯上链。海瑞·温斯顿只生产了20只史诗陀飞轮三号腕表。

芝柏：复古 1945 系列老虎机陀飞轮腕表
Girard-Perregaux: Vintage 1945 Jackpot Tourbillon

$625,000

很多人都认同这样一种观点：男人和男孩之间的区别在于他们的玩具价格。老虎机陀飞轮腕表（Jackpot Tourbillon）正好印证了上述观点。2005 年前后最热门的手表，当属著名的老虎机陀飞轮腕表。手表属于芝柏（Girard-Perregaux）旗下的古董 1945 系列。概括来说，这款手表价格高昂，同时拥有一套陀飞轮擒纵和一台微型老虎机。

老虎机拉杆位于表壳右侧表冠的上方，滑动拉杆可启动老虎机。得到一行自由钟图案即为头奖，头奖概率为 0.8%。虽然赢"头奖"没有奖品，但能用这么一块带老虎机的复杂手表来打发时间也不错。

老虎机陀飞轮腕表亮相于 2007 年，刚好赶在 2008 年经济危机之前。在芝柏设计和制造这只手表的时候，赚钱相对容易，人们花起来也随意。这款手表被刻意设计成轻松愉快的风格，旨在庆祝赌博，这既可以理解为真正的赌博，也可以理解为人们处理金钱的方式。手表鼓励人们自由地感性消费，恰恰是感性消费推动了奢侈品世界的转动。它出现在一个充满了各种异想天开、颠覆传统的复杂功能的年代。

芝柏的方形古董 1945 表壳非常适合这只老虎机式手表。制造手表时，品牌为老虎机陀飞轮腕表生产了一款全新集成机械机芯。机芯拥有一枚陀飞轮，同时有 96 个小时的动力储备，芝柏还为手表的老虎机配备了一套击锤和簧条，每次启动老虎机时，手表都会发出声响。品牌还给手表设计了配套的展示盒，手表被藏在幕布后。幕布展开时，伴随着灯光效果，手表闪亮登场。展示盒里配有赌场工具，包括扑克、骰子和筹码。

宝玑：3282
Breguet: 3282

$629,515[*]

瑞士制表师亚伯拉罕－路易·宝玑（Abraham-Louis Breguet）可能是史上最具传奇色彩的制表师。出生于 1747 年的他最终移居法国。那时，大部分一流制表师都住在法国。宝玑之所以如此出名，不仅因为他制造的时计即使放在现在看也很前卫，更因为他在计时科学方面的不懈创新和追求。如今，许多机械表的机械部件或表盘上还印有他的名字。

宝玑的发明创新包括"宝玑双层游丝"技术和运行时赏心悦目的陀飞轮式擒纵。对很多奢侈时计而言，陀飞轮是一项旗舰级复杂功能。宝玑的名字还出现在一些美学特点上，譬如宝玑式数字标记和宝玑苹果式指针。他生前曾为法兰西国王、玛丽－安托瓦内特王后[1]，甚至还有拿破仑·波拿巴制造时计。

在宝玑逝世后，他的名字从 18 世纪一直延续到 21 世纪。1999 年，宝玑品牌被斯沃琪集团（Swatch Group）收购。集团创始人尼古拉斯·海耶克（Nicolas Hayek）认为宝玑是奢侈品手表品牌中的圣杯。对他来说，宝玑位于斯沃琪集团奢侈品手表品牌金字塔的顶峰。

宝玑的现代制表师希望现在所生产的时计，能汇集品牌时计的优良传统：具有美学特色和独特性。具体包括独特的设计和麦穗状的装饰表盘。市面上很难找到古董宝玑腕表或怀表。大多数宝玑时计都藏于博物馆或在顶级私人藏家手中，而他们不会轻易出手。

2007 年，在日内瓦的一场拍卖会上，罕见地出现了一只宝玑时计，手表产于 1935 年。这款手表名为 3282，为一家族所有，该家族为一手买家。1935 年时，手表买入价格为 1 万法郎，这块稀有的 18K 白色金男表被认为是一只独特的时计，拍卖前预估价格在 15 万至 25 万瑞士法郎。最终成交价格是预计价格的数倍。

按现代标准来衡量，这块手表很小，只有 30 毫米宽。在当时，这样尺寸的男表很常见。和如今的传统设计手表相比，3282 这只手表反而显得更现代。表盘经机床雕刻而成，深得宝玑真传。表面显示有时间、万年历和月相。手表独特之处在于其星期和月份透过窗口显示，而日期则通过逆向刻度显示。蓝色的苹果式指针与表盘相得益彰，使表盘上的信息清晰可见。

手表的机芯由著名品牌维克多兰·皮盖（Victorin Piguet）制造。维克多兰·皮盖当时曾是百达翡丽和江诗丹顿的机芯供应商。

2007 年，在日内瓦的拍卖会上，宝玑 3282 的最终成交价达到 764800 瑞士法郎。

---

* 手表以 764,800 瑞士法郎的价格，于 2007 年 5 月，成交于日内瓦苏富比拍卖会。
1 译注：法国国王路易十六的王后。

儒杰：超级自鸣腕表
F.P.Journe: Sonnerie Souveraine

$650,000

弗朗索瓦－保罗·儒何内（Francois-Paul Journe）可能是所有健在的制表师里最有天赋的。不止一人曾表示同意这一观点。懂制表和手表机械的（而且买得起奢侈品手表的）狂热爱好者，经常佩戴儒杰（F. P. Journe）的手表。为什么他们会戴儒杰手表？想回答这个问题，要先理解 F. P. 儒何内为什么制表。显然，这位制表师的手表是奢侈品，但是这些手表想要传达的意图，不仅仅是向世人展现佩戴者的地位和财富。儒何内的志向是追求制表的极限，不计成本地制造出尽可能完美的时计。他对生产象征地位的奢侈品根本不感兴趣。而且很多聪明人也赞同他关于腕表的这一看法。

纵观 F. P. 儒何内制表哲学的发展历程，超级自鸣腕表（Sonnerie Souveraine）是其最具个人色彩，同时最有代表性的作品。手表的研发目的是制造出现存最精致的实用傻瓜手表。机芯包含有一系列钟鸣功能，包括大自鸣、小自鸣和三问。这三大功能是世界上最复杂、最受追捧的机械表音乐性复杂功能。众所周知，如果操作不当，三大功能的装置都很容易出现故障。用制表师自己的话来说，他想让超级自鸣腕表"在 8 岁小孩的手中也不会坏"。

从手表生涯伊始，他的工作就是修复古董钟表。1999 年，儒何内创立了自己的品牌。如今，公司是日内瓦市中心为数不多的主要手表工厂之一。身为独立制表师，他可以按照自己的意愿制表。这也在一定程度上解释了为什么这只售价超过 50 万美元的手表表壳却是钢制的。

手表基板采用的都是 18K 白色金，为何表壳却用钢？这和手表钟鸣功能有关。原因很简单：与黄金或铂金相比，钢的声音传导效果更出色。和手表作为奢侈品的炫耀作用相比，儒何内更关注手表钟鸣功能的最终效果。

同时配有三问和自鸣功能的手表非常稀有。两种功能虽然都是通过和弦报时，但两者之间还是有细微的差别。大自鸣和小自鸣是每隔一段时间自动报时，时间间隔为一小时和一刻钟。三问同样也是通过和弦报时，但是需要佩戴者手动启动。这只傻瓜手表不仅拥有这些功能，还保证了手表优美、高雅的设计，而这正是儒杰的标志。所以说，超级自鸣腕表是一款大师之作。

瑞驰迈迪：RM 27-01 拉斐尔·纳达尔陀飞轮腕表
Richard Mille: RM 27-01 Tourbillon Rafael Nadal

$690,000

瑞驰迈迪（Richard Mille）是一个非常成功的奢侈品牌。创始人理查德·米勒没能找到自己心仪的手表，所以他决定建立一家新公司，专注制造超级现代奢侈品手表。手表的灵感与技术都来自于他自己最喜欢的体育赛事——一级方程式赛车。瑞驰迈迪手表的设计和功能自有其独特之处。品牌的成功也证明了采用现代材料且富有设计感的传统机械手表，在藏家中是多么受欢迎。

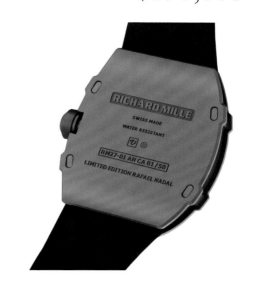

瑞驰迈迪最著名的一步棋是在 2010 年前后与西班牙网球明星纳达尔联手。品牌不仅邀请纳达尔担任品牌代言人，还提出让纳达尔在比赛时戴上一只奢华手表。

这一请求让媒体和观众大吃一惊，因为没有运动员想往自己的惯用手上戴东西。乘此机会，瑞驰迈迪推出了当时世界上最轻的陀飞轮手表，定制版 RM 027。为能紧紧贴合手腕，手表采用了一种名为 LITAL[1] 的材料。该材料主要成分为锂铝合金，具有高强度、高抗震的特点。

纳达尔戴着这只价格超过 50 万美元的手表，斩获法国公开赛的冠军。随后这只手表又陪伴着纳达尔，击败了诸多对手。从营销角度来说，这一做法很高明。这不仅让瑞驰迈迪品牌获得了极高的关注度，还证明了手表的耐久性。RM027 手表和后续款式 RM 27-01 手表拥有陀飞轮机械机芯。众所周知的是，陀飞轮机芯很脆弱。所以，纳达尔把手表戴在惯用手手腕上的事实，恰恰证明手表很可靠。

纳达尔佩戴的 RM 027 为限量款，瑞驰迈迪之后还推出了后续款式 RM 27-01。虽然 RM 27-01 不如 RM 027 轻盈，但是更大更时髦。新款手表还有新加入的耐久性特征。机芯仍旧采用 LITAL 专利合金，仅重 3.5 克。表壳材料则为高分子聚合物与碳纳米管。手表最多可承受 5,000 倍的重力加速度，但是有人指出，和传统珍稀表壳材料相比，手表表壳所使用的高分子聚合物不管是从价值还是稀有性来说都算不上奢侈材料。

为提高耐久性和抗震性，手表的机械机芯被安在一根缆绳上。两款手表都只限量发行 50 只。瑞驰迈迪的魅力让手表价格接近百万美元。

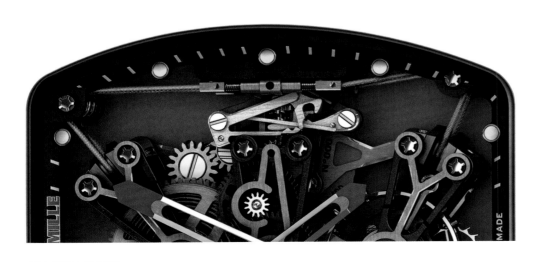

1 译注：一种含铝、铜、镁和锆的锂合金。

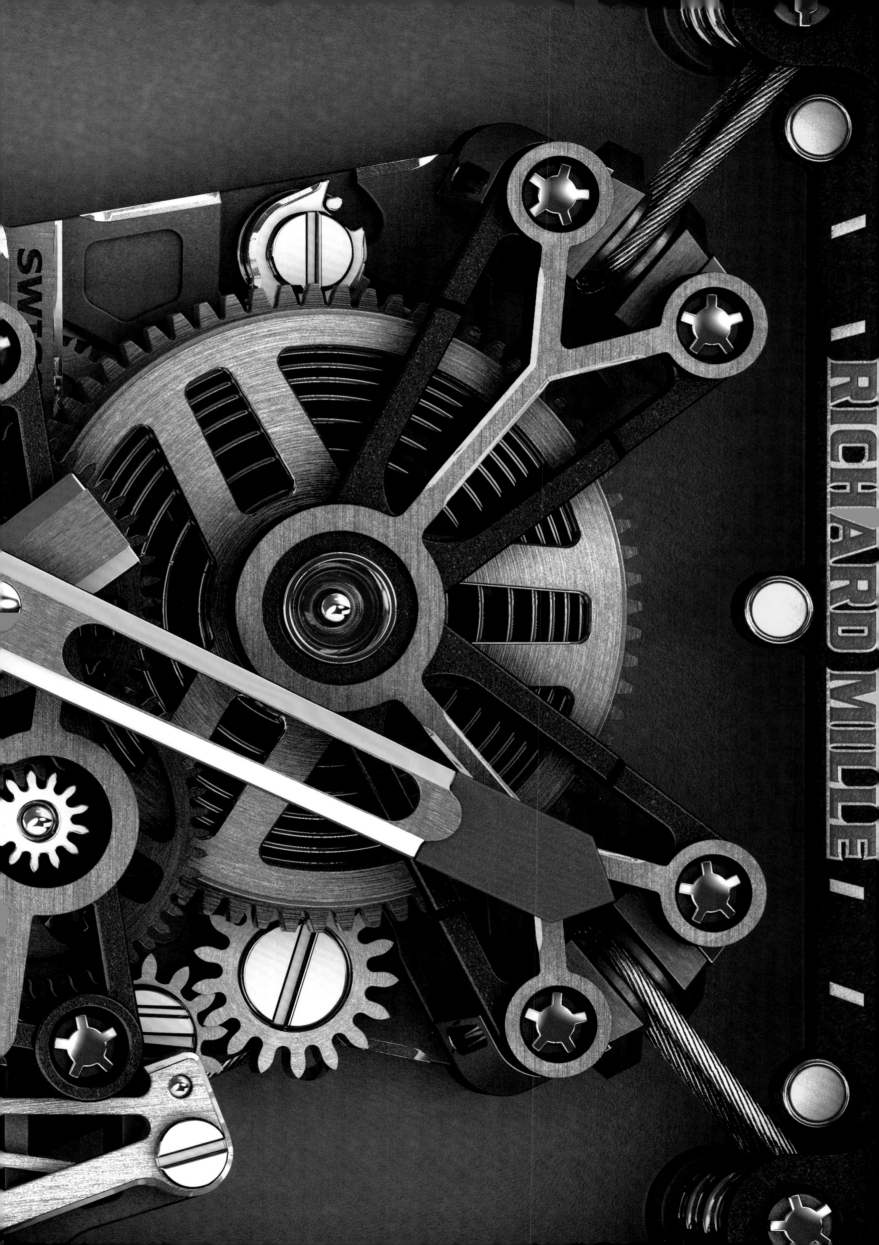

雅典：成吉思汗西敏寺钟声机械人偶陀飞轮三问腕表
Ulysse Nardin: Genghis Khan Westminster Carillon Tourbillon Jaquemarts Minute Repeater

$700,000

雅典（Ulysse Nardin）除了生产实用的日常奢侈品手表，还会生产颇具异域风情的时计。手表成吉思汗（Genghis Khan）便是一例。2002 年亮相时，这只表掀起了藏家追捧人偶报时手表的热潮。人偶报时是一种表盘上的动画复杂功能。

报时人偶相当于一种自动玩偶，最开始出现在一些公共时钟之上。人们认为报时人偶是现代机器人的前身之一。在成吉思汗的表面上，刻有 12 世纪成吉思汗麾下士兵的可动人偶。三问功能启动后，这些人偶随之与手表协同运作。

随着这款手表的推出，它也成为世界上首只将三问和机械人偶结合在一起的时计。通常，手表三问功能启动后，会将时间以和弦的方式报给佩戴者。而这只手表的和弦则是西敏寺和弦。与其他三问表相比，这款手表和弦音质更好、更悦耳。

表盘下半部分露出手表的陀飞轮。作为机芯的一部分，陀飞轮擒纵历史悠久，突出了手表的观赏性。陀飞轮位于玛瑙表盘下方。表盘上方则是手工雕刻的金质报时人偶。该款手表的部分型号拥有钻石镶嵌表壳。雅典表推出这款手表后，还发布了不同表盘画面的后续款式，包括亚历山大大帝陀飞轮机械人偶三问腕表（Alexander the Great Tourbillon Jaquemarts Minute Repeater）。雅典表限量生产了 30 只成吉思汗手表。

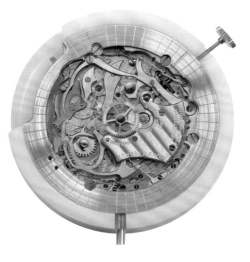

播威 1822：阿马迪奥弗勒里耶巴黎圣母院三问陀飞轮
Bovet 1822: Amadeo Fleurier Notre Dame Minute Repeater Tourbillon

$713,000

所有播威手表的表冠上都有一个带式保护器，表冠和保护器都位于 12 点钟方向，算是播威手表的一大特色。播威用这项特色纪念品牌的历史，品牌曾为世界精英阶级制造怀表，这些顾客中很大一部分来自亚洲。

事实上，很多当下的播威腕表亦可变为怀表。当播威引入阿马迪奥表壳时，品牌发明了一套全新可翻转系统。新系统让表带可以从表壳上卸下来，这样一来，手表便能作为挂表、小座钟或怀表。

最复杂的播威可翻转表壳手表要数三问陀飞轮巴黎圣母院（Minute Repeater Tourbillon Notre Dame）。同巴黎的这座著名教堂一样，手表也有"钟"。这只手表拥有三问功能，还有一套与三问配套的机械玩偶。三问可将时间以和弦的方式报给佩戴者。手表三问的特殊之处在于，当三问启动时，表面上两座钟也会随之摇摆起来。

这款腕表还是一只旅行表，显示有三个时区时间。主表盘上显示本地时间，另外两个副表盘则显示另外两个时区的时间。每个副表盘还各自拥有一个小窗口，每个窗口显示着对应时区内一大主要城市的名字。表壳宽 44 毫米，两边各有一按挈，可按动按挈在不同时区间来回切换。

精心制造的机械机芯需手动上弦，手表还拥有一套陀飞轮擒纵。每只阿马迪奥三问巴黎圣母院（Amadeo Minute Repeater Notre Dame）手表的表壳由 18K 黄金制成。手表表盘由机器雕刻并装饰完成。

爱彼：皇家橡树大复杂功能腕表
Audemars Piguet: Royal Oak Grande Complication

$741,600

皇家橡树大复杂功能腕表（Royal Oak Grande Complication）是一只开创性的运动手表，手表拥有一枚世界级高级制表机械机芯。1972年，瑞士制表厂爱彼推出了首只皇家橡树（Royal Oak）手表。作为一只运动手表，这款表的表壳虽然是不锈钢材质，但价格却接近一只18K金表。此举是营销上的一次赌博，幸运的是，时至今日，皇家橡树仍是爱彼的招牌手表系列。

许多人将皇家橡树的成功归功于它的设计。皇家橡树由著名手表设计师杰拉德·杰塔（Gerald Genta）设计完成，20世纪末期许多标志性的运动手表设计都出自这位制表师之手。当时，八边形表圈是杰拉德·杰塔设计的标志。

作为品牌的重要组成部分，皇家橡树系列最终获得在其上安装爱彼最复杂机芯的殊荣。这只皇家橡树手表的机芯型号是2885，由爱彼自主制造。拥有648块部件的机芯不仅高度复杂，还十分实用。

大复杂功能手表包含一系列复杂功能。型号2885的机芯拥有万年历、月相显示、双秒追针计时，还有通过一套击锤和音簧组成的三问功能。三问功能可通过和弦报时。该机芯还拥有自动上弦功能。这只手表的部分型号，如图片所示，拥有全镂空表盘，极具装饰效果。

高珀富斯：发明之作二号腕表
Greubel Forsey: Invention Piece 2

$750,000

真正获奖的手表很少，但是高珀富斯的发明之作二号腕表（Invention Piece 2）却真的得过奖。具体是什么奖呢？2012年，史蒂芬·富斯（品牌"高珀富斯"中的富斯）代表高珀富斯，把最佳复杂手表奖收入囊中。获奖手表是发明之作二号腕表，颁奖机构为日内瓦高级制表大奖赛（Grand Prix d'Hologerie de Geneva，GPHG）的评判委员会。日内瓦高级制表大奖赛是一场由奢侈品手表行业为从业者们举办的颁奖典礼，被称为"手表界的奥斯卡"。

为什么发明之作二号腕表能得奖？品牌高珀富斯之所以深受高端手表藏家青睐，是因为品牌对细节的不懈追求，以及在古典主义制表上的不断创新。高珀富斯的手表十分昂贵，特色包括品牌在细节上近乎偏执的追求，以及手表不达要求绝不发售的特点。一个例子可以很好地说明这一点：2009年，高珀富斯推出了发明（Invention）系列第三代手表发明之作三号（Invention Piece 3），而该系列第二代手表发明之作二号的推出时间却是两年后的2011年。

高珀富斯的品牌标语是"发明家发明的发明物"。如今，机械表世界中真正称得上发明的手表很少，因为绝大多数制表师采用的技术在历史上早已有之。尽管发明之作二号腕表是一只艺术主题时计，手表的确有在机械结构方面的创新。手表一枚机芯里有4枚陀飞轮。只有高珀富斯成功造出了一枚四陀飞轮机芯，旋转摆动器的4个轴点分配给了两个双陀飞轮。

简而言之，这款手表有两枚陀飞轮，每枚陀飞轮围绕两根轴自转。手表外陀飞轮4分钟一转，内陀飞轮（以30度角倾斜）60秒一转。所以实际上不是真正的四陀飞轮，而是两枚双陀飞轮。在藏家看来，光有两枚双陀飞轮就足以让手表获奖，当然发明之作二号腕表的独特设计显然也是手表得奖的一大原因。

通常手表表壳都是对称圆形，但是发明之作二号腕表的边缘却有突起。制表师还为手表加上了额外的蓝宝石水晶观察窗口，这也是高珀富斯手表的标志。表盘表面由手工雕刻完成，透过镂空处可瞥见手表机芯。就连表盘上的指示器副表盘都或多或少有创新之处，手表的表盘式时针围绕表盘中央旋转，但分针却是固定的，通过旋转圆盘上的标记显示分钟。尽管手表最后完工花费了数年时间，但发明之作二号腕表的产量仍十分有限。高珀富斯生产了11只18K红金表壳版发明之作二号腕表，以及另外11只钛金表壳版。

杜彼萧登：白心腕表
Dubey & Schaldenbrand: Coeur Blanc

$800,000

虽然瑞士制表公司杜彼萧登（Dubey & Schaldenbrand）从 1946 年起才开始制表，但是从设计的角度来说，他们的产品带给人一种独特的装饰艺术之感。对制表师来说，艺术装饰时期在历史上具有重要地位。可以说，男士腕表就是在这段时间内发明出来的。尽管如此，如今突显装饰艺术主题的手表少之又少，更不用说装饰艺术主题的高端男士珠宝手表了。

但是凡事都有特例，白心（Coeur Blanc）便是一只装饰艺术主题的高端男士珠宝手表，由杜彼萧登（Dubey & Schaldenbrand）推出于 2013 年。据说，这只限量版手表需要 500 个小时来完成，这其中很大一部分时间被用来挑选、镶嵌钻石。

杜彼萧登表示，参与制造白心表壳、机芯和表盘的工匠总共有 13 人。虽然制表商很少提及类似上述的制表细节，但是事实确实如此：生产该手表需要大师级制表团队的合作。很多藏家喜欢拥有高度复杂机芯的手表，对镶有珍贵宝石的手表则不感兴趣。

之所以产生这一现象可能是因为珠宝手表多为女士表，又或者因为人们觉得在一只手表上镶嵌大量钻石或其他珍贵宝石是一件相对容易的事情。但是实际上，完成一套镶满宝石的精美表壳与表盘的难度和组装一枚精美机械机芯的难度不相上下。

白心的表壳相对较大，有 45 毫米宽，表壳由 18K 灰金制成，镶有超过 400 颗钻石。每颗钻石都是方钻，其中许多钻石都镶嵌到手表上看不到的地方。镶嵌的复杂之处在于，首先要挑选钻石，然后将每颗钻石切割至合适的尺寸，最后才是将每颗切好的钻石小心地镶嵌到手表上。整个镶嵌过程需要数周才能完成，其中一大原因是有些钻石紧紧挨在一起，不像是镶嵌在一起的。

另外还有 255 颗方钻按同心圆布局，镶嵌在表盘和表壳上眼睛看不到的地方。表盘 6 点钟方向上有一窗口，透过窗口可看到机芯的陀飞轮擒纵。蓝钢指针与表面形成强烈反差，相得益彰，是佩戴者财富的象征。表盘上镶满了方钻。手表陀飞轮则标志着品牌的工艺水平。

加上表扣上镶有的另外 54 颗钻石，白心手表上总共镶嵌了 709 颗方钻，总重量达 22.5 克拉。杜彼萧登将总共生产 3 只白心手表。手表狂热爱好者们往往会选择这样一块表，作为自己地位的象征。

格里本宁格：蓝色旋风腕表
Grieb & Benzinger: Blue Whirlwind

$880,000

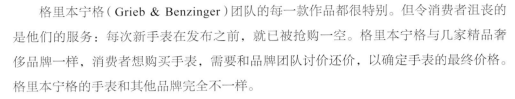

格里本宁格（Grieb & Benzinger）团队的每一款作品都很特别。但令消费者沮丧的是他们的服务：每次新手表在发布之前，就已被抢购一空。格里本宁格与几家精品奢侈品牌一样，消费者想购买手表，需要和品牌团队讨价还价，以确定手表的最终价格。格里本宁格的手表和其他品牌完全不一样。

品牌源自德国而不是瑞士，国籍赋予了格里本宁格特有的品牌个性和核心技术。赫尔曼·格西博（Hermann Grieb）是制表师，乔肯·本辛格（Jochen Benzinger）则是大师级装饰家，精通一系列行家才懂的失传艺术技巧。他们工作室拥有的一些制表机械，近一个世纪内都没被生产过，其中一例便是旋转雕刻机床。这些机器让格西博与本辛格得以完成一系列令人惊叹的钟表艺术品。

2012 年，格里本宁格发布了一只品牌的代表性之作蓝色旋风（Blue Whirlwind）。这只手表不仅展现出了格里本宁格的制表工艺，还体现出其深厚的装饰功底。这只独一无二的作品拥有全钛表壳，手表机芯基于型号为 RTO 27 PS 的百达翡丽（一家顶级瑞士制表商）机芯制造，百达翡丽 3939 号手表用的就是这枚机芯。机芯拥有陀飞轮和三问功能。2011 年，在一场拍卖会上，百达翡丽 3939 手表以 140 万美元的价格成交。

格里本宁格决定以品牌特有的风格，复刻这枚深受藏家喜爱的机芯。制表师选择了常见的铂金和蓝铂金作为手表材料。随着手工制作和装饰的机芯部件不断完善，手表蓝色旋风渐渐成型。手表广泛使用旋转机床雕刻工艺。通过转动加工部件，制表师在部件表面雕刻出各种图案。制表师总共花费 15 个月的时间，来镂空、装饰机芯。可以说，这只手表也许是德国最独特、最有趣的手表制表师的代表作。

万国：沙夫豪森葡萄牙恒星时腕表
IWC: Portuguese Sidérale Scafusia

$900,000

万国表示，品牌历时 10 年时间才完成沙夫豪森葡萄牙恒星时腕表（Portuguese Sidérale Scafusia）的开发。考虑到手表有那么多独特的复杂功能，10 年时间也算合理。万国的目标是制造一只接受客户定制的顶级稀有时计。

葡萄牙（Portugese）是万国最受欢迎的手表系列之一。最初，葡萄牙是一只为葡萄牙商人而制造的航海表。如今，这款手表已成为手表经典功能和优雅设计的典范。表的正面和背面都有各项显示，同时还搭配数种异乎寻常的高端复杂功能。本质上，这是一只献给天文观测的时计。

在沙夫豪森葡萄牙恒星时腕表的正面，可以看到一枚恒定动力陀飞轮。恒定动力系统确保机芯的稳定和不间断的动力输出，让时计即使在发条松开的过程中仍能准确计时。陀飞轮还拥有跳动式秒针。

除动力储备显示外（动力储备显示会提醒佩戴者每过 4 天给手表上链），表盘显示民用时（平太阳时）和恒星时。

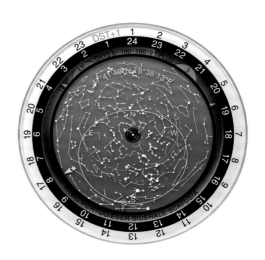

平时大家手表所显示的时间就是民用时。民用时会因时区不同而有所变化，时间的设定基于恒星时。具体到某个时区时，恒星时和民用时会有 15 ~ 20 分钟的差别。太阳时根据某一具体地点和太阳的位置关系确定。

同一地点的恒星时和太阳时也不同，差距最长可达 4 分钟。恒星时以群星为参照系（而不是以太阳为参照系），测量的是地球的相对旋转。恒星时是沙夫豪森葡萄牙恒星时腕表的首项天文记录功能。

沙夫豪森葡萄牙恒星时腕表的背面是一幅星图，每幅星图都是独一无二的。制造时计手表时，万国会按照每位顾客所提供的坐标，定制一系列星图辅助显示。星图显示日出、日落时间，以及恒星时和太阳时。星图的边缘藏有手表的万年历，不仔细观察，很难发觉。

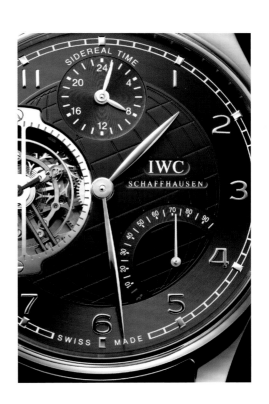

大多数万年历至少会显示月份、日期和闰年循环。万国为沙夫豪森葡萄牙恒星时腕表的万年历加入了一些不一样的元素，手表万年历显示当年已过天数，同时有闰年提示。

沙夫豪森葡萄牙恒星时手表只接受预定。定制体验除星图外，顾客还可以选择表壳材料、表盘颜色、表带材料等。

帕玛强尼：棕榈装饰工艺腕表
Parmigiani Fleurier: Tecnica Palme

$966,000

有时手表的装饰难度与表壳内机械装置的制造难度不相上下。两者也吸引着不同的高端手表藏家：部分藏家推崇技术复杂的手表，另一部分藏家则喜欢装饰华丽的手表。换言之，有人喜欢机械性手表，有人倾向艺术性手表，但是通常不会有人同时喜欢两类不同的手表。

尽管高端手表昂贵的价格注定其数量不会很多，在寻找一只同时拥有复杂机芯和炫目艺术装饰的手表时，选择少之又少。此外，许多兼顾复杂性和艺术性的手表都是独一无二的，因为很多工艺无法保证在多只时计上完美重现。

有一只时计符合这一要求，即由瑞士品牌帕玛强尼（Parmigiani Fleurier）制造的棕榈装饰工艺腕表（Tecnica Palme），这只手表总共只生产了1只。2013年左右，品牌生产过数款装饰工艺（Tecnica）系列手表，每一款都聚焦于这一风格表壳装饰的一个方面。其中之一环面装饰工艺（Toric Tecnica）的灵感来自迷宫，另外一些款式［例如桑巴泰尼卡（Samba Tecnica）和棕榈装饰工艺 Palme Tecnica］的灵感则来源于植物。棕榈装饰工艺腕表一直都是装饰工艺系列手表中最美观、视觉欣赏性最高的时计。手表证明当复杂机芯和艺术工艺结合在一起时，可以达到令人惊奇的效果。

棕榈装饰工艺腕表的表面上，有很多手工完成的棕榈叶式图案。这些图案采用了珐琅工艺与雕刻工艺。完成手表设计工作后，工匠会用显微镜和帕玛强尼自主生产的工具将棕榈树叶图案雕刻在手表的18k白色金表壳上。棕榈装饰工艺腕表经装饰处理过的部位包括表盘、表后盖、机芯夹板以及表带扣。

雕刻完成后，工匠会继续在棕榈叶图案上绘制珐琅画作，进一步提高时计的视觉魅力。微法兰工匠会先混合所需的颜料，然后在棕榈叶图案涂上多种颜色，并最终通过烧制成型。

棕榈装饰工艺腕表手表内侧配有"猎手式"盖子，打开后可看到帕玛强尼自主生产的机芯。装饰工艺系列手表拥有四大复杂功能。除显示时间外，手表还有三问（启动后，佩戴者可通过听和弦知晓时间）、计时、陀飞轮和万年历。因为手表兼顾复杂的工艺和表壳装饰性两个方面，所以制造帕玛强尼棕榈装饰工艺腕表这样一只手表需要的时间，是大多数时计所需时间的两倍，共计数月时间才能最终完工。帕玛强尼仅生产了1只棕榈装饰工艺腕表。

宝珀：1735 大复杂功能腕表
Blancpain: 1735 Grande Complication

$1,026,500

可以说，宝珀1735大复杂功能腕表（Blancpain 1735 Grande Complication）是现代高端复杂奢侈品手表的开端。对机械表行业而言，20世纪80年代是一个萧条的年代。廉价的石英手表占据了原本属于主流机械腕表的市场份额。为了生存，机械表品牌必须进入高端市场。由于手表价格上涨，需求也相应减少。

让－克劳德·比弗（Jean-Claude Biver）是手表行业中的传奇。1982年，他以极低的价格收购了著名的钟表品牌宝珀。让－克劳德·比弗让宝珀重获生机，重振品牌作为传统机械时计制造品牌的历史地位。比弗希望通过开发出一只高度复杂的旗舰级时计，作为品牌的回归之作。为实现这一目标，他聘请制表师多米尼克·卢瓦索（Dominique Loiseau）担当此任。手表最初亮相于1985年左右。

借助早期计算机辅助设计系统，制表师卢瓦索和其带领的宝珀团队最终完成了这只手表。即使是开发完成多年后，手表仍然是世界上最复杂的手表。宝珀设计的这只1735大复杂功能腕表拥有双秒追针计时、万年历及三问功能。这些功能的实现，全都依靠一枚自动上链的陀飞轮机芯。手表的钛金表壳上传统风格十分明显。

宝珀承诺将一共生产30只1735大复杂功能腕表。每一枚手表机芯都需大量时间来完成，机芯在组装完成之前，都经手工装饰与测试。就算是在大师级制表师中，有能力组装1735大复杂功能腕表这只时计的也寥寥无几。宝珀最后花了近25年才将30只1735大复杂功能腕表全部组装完成。2009年，宝珀完成了最后一只享誉盛名的1735大复杂功能腕表。

罗杰杜彼：王者系列四摆轮硅质腕表
Roger Dubuis: Excalibur Quatuor Silicon

$1,080,000

2013 年，罗杰杜彼为王者系列四摆轮腕表（Excalibur Quatuor）拍摄了一部宣传视频。在视频中，一只长啸着的雄鹰翱翔在荒原上，一边躲避闪电，一边朝着未知物体不断加速。原来，雄鹰的目标是插在石头里的一把剑，类似亚瑟王传奇中的石中剑。在雄鹰与石中剑相遇之前，一道闪电击中石中剑，使之脱离地面，火焰从地面裂缝中喷涌而出。随后，在炫目的视频特效中，手表隆重登场。

这是现代手表的营销方式：让那些行家才懂的机械概念和时计的运转，以夸张的形式被安排在幻想和神秘的国度之中。视频最后的效果既有趣又神奇，这部针对富豪的视频反而更能激发藏家对手表的激情。罗杰杜彼属于一家集团公司。除罗杰杜彼外，该集团公司还拥有多家先锋高端制表品牌。历峰集团之所以会收购罗杰杜彼，很大一部分原因是罗杰杜彼有能力制造极度复杂的机芯，尤其是陀飞轮机芯。

王者系列四摆轮腕表没有陀飞轮（通常罗杰杜彼时计拥有不止一枚陀飞轮）。但是，这枚新奇的机芯却有着 4 个摆轮。每一个摆轮以独特角度位于手表的角落中，借助一系列差速器将摆轮连接在一起。除展现手表的概念性外，这种设计再无其他理由。罗杰杜彼深知如何打造机械"大观园"，这也正是王者系列四摆轮腕表在手表设计和呈现效果上的高明之处。

罗杰杜彼从零开始设计这只手表，机芯给人留下了深刻的印象。通常，机械机芯都是不对称的。从工艺的角度来说，制造出外观对称的机芯是不小的技术挑战。这样的设计只是为了满足少数藏家们的美学癖好。为了手腕上的这只"伙伴"，藏家愿意在这方面花大价钱。

时间显示在表盘中央，时针和分针右侧是手表动力储备显示，提醒佩戴者何时需为手表上链。同手表上的所有元素一样，动力显示也有过度工程的影子。

罗杰杜彼用不同材料（如钛金、黄金），制造了几个不同版本的王者系列四摆轮腕表。每一款都是限量版手表。然而，到目前为止，最为专属的款式是硅元素版，这也是历史首次通过切割自然材料的方式制成的一款表壳。硅比钛轻，比钢铁硬。王者系列四摆轮硅质腕表（Excalibur Quatuor Silicon）限量生产 3 只。

雅典：皇家蓝陀飞轮腕表
Ulysse Nardin: Royal Blue Tourbillon

$1,100,000

工艺复杂同时镶有璀璨钻石的时计很少见。在进入高端市场时，制表师们要么选择珠宝手表这条道路，要么选择迎合手表机芯爱好者。原因在于，不同消费者有不同偏好。虽然如此，不管一个人的品位有多小众，他总能在奢侈品界找到适合自己的东西。

雅典表最引人瞩目的手表当属皇家蓝陀飞轮腕表（Royal Blue Tourbillon），手表证明有独特喜好的消费者确实存在。2010 年亮相的皇家蓝陀飞轮腕表至少有 8 个不同型号。借助这款手表的不同型号，雅典表想让这些异乎寻常的时计，吸引尽可能多的手表爱好者。

每一只皇家蓝陀飞轮腕表都配有 950 铂金表壳。该系列的多个版本，都用珍稀宝石加以装饰。其中密镶版本在表壳、表冠、表带和表圈上都镶有方钻和蓝宝石。手表上总共镶嵌了 568 枚钻石（将近 34 克拉）和 234 枚蓝宝石（约 17 克拉），璀璨夺目的表壳之下，装有手表独特的机械机芯。

在手表上同时使用钻石和蓝宝石的做法很少见。表壳和表带两侧排有方形蓝宝石，也就是手表的"蓝色边缘"。手表其余部分镶嵌着钻石。虽另有一款圆钻版的手表，相比之下圆钻版价格更便宜。但是方钻本身更大、更贵，也更显阳刚之气。

制造机芯时，雅典表没有使用金属，转而采用大颗蓝色蓝宝石水晶和无色蓝宝石水晶。采用蓝宝石水晶的做法使得机芯看起来近乎透明。蓝宝石加工难度很高，因为材质本身容易碎。表壳底部采用透明蓝宝石水晶，使镶有蓝宝石的机芯看起来像漂浮在表面上一样。机芯动力储备接近 100 小时。

虽然蓝宝石夹板是很成功的设计，但制表师很少在机芯上用蓝宝石，因为蓝宝石机芯部件本身很脆弱，组装时损耗率高。但是，只要在给机芯部件打孔、上螺丝过程中不出现裂缝，完工之后的蓝宝石部件其实相当持久。

路易·莫华奈：大师腕表
Louis Moinet: Magistralis

$1,000,000 瑞士法郎

19世纪的路易·莫华奈（Louis Moinet）是当时极富创意的制表师。2013年，人们发现他曾造出历史上第一台计时设备。这一发现很有意思，因为这只外观现代的手表式设备比人们先前认为的历史上第一只计时器出现的时间，要早得多（计时器也叫秒表，拥有计时功能）。在很多人眼中，路易·莫华奈是现代制表的教父。

如今，作为手表品牌，路易·莫华奈继承了路易本人的遗产，部分技术遗产被记录在他于1848年所作的《制表公约》中。实际上，与这只大师时计一起出售的，还有一本1856年版《制表公约》的影印本。完成这款手表所需时间超过一年。

大师腕表于2008年完工。时计本身算不上一只新手表，更像历史上手表的复刻作品。在路易·莫华奈本人版的基础之上，品牌在设计上进行革新，而且全新设计的表壳拥有超过90个零部件。而当制表师将手表机芯装进表壳的时候，机芯已达100岁高龄。

机芯产自瑞士制表区汝拉。最初，机芯很可能是按照怀表机芯的要求生产而成的。为让机芯适应现代手表的尺寸，提高手表的可佩戴性，制表师对表壳尺寸进行了调整。品牌无法抵御把这样一个项目变成现实的诱惑。年代久远的机芯若要重新运转起来，需经大幅修复。开始制作这只手表时，制表师需先将这枚纯手工机芯修复至可工作状态。

即使以现代标准考量，这枚机芯也相当复杂。作为一只货真价实的大复杂功能手表，手表功能包括时间显示、计时、万年历、月相显示和三问。品牌甚至修复了机芯原有的蓝钢指针。

为满足藏家对天空之物的喜好，部分月相圆盘由月亮陨石制成。这块月亮陨石由路易·莫华奈从某位商人的手里购得。2,000多年前，陨石掉落在地球上。月相圆盘中的两个"硬币"便取自该陨石。

手表还配有瑞士制造的独特木制陈列盒，盒子原料取自当地各种枫树。陈列盒由当地一位乐器匠人打造，被用作手表的共振器，尽可能美化手表三问和弦的音质，提高和弦音量（启动三问后，佩戴者可通过和弦声知晓时间）。路易·莫华奈只生产了1只大师腕表。

劳力士：型号 4113 分秒追针计时腕表
Rolex: Ref. 4113, Split Seconds Chronograph

$1,163,746*

作为一家只生产奢侈腕表的品牌，劳力士的历史接近 100 年之久。虽然人们认为劳力士位于世界上最成功的奢侈品牌之列，但是，和其他更为稀有的高端手表相比，绝大多数劳力士手表的价格处于中游。如今，劳力士以生产特定系列手表中的经典型号而闻名。早在几十年前，劳力士便开发出潜航者型（Submarineer）、日志型（Datejust）这些款式的手表。与发布新款手表相比，劳力士更倾向不断改进现有经典款式，所以很少发布新款手表。

喜欢劳力士的藏家们会关注劳力士悠久的设计史。人们现在看到的劳力士各种流行款式，是品牌之前进行各种手表实验的产物。目前劳力士只生产了一款计时手表，即迪通拿（Daytona）。迪通拿（Daytona）系列手表的历史最早可追溯至 50 多年前。因为手表的秒表功能是用来计时的，所以最初计时手表是为汽车及赛车而设计的。

在计时表中，最难组装、在量产时还能保证准确性的复杂功能，是双秒追针计时。大多数双秒追针计时表都有两个按挚[1]，按下额外的按挚后，副计时器将停止计时，而主计时器会继续运转。在品牌的悠久历史上，劳力士只制造过一只双秒追针计时手表。虽然这只表并不出名，但却是世界上最珍贵的劳力士藏品。

这只名为劳力士型号 4113 的手表有几个特殊之处。首先，手表从未通过零售渠道进入市场。据悉，这款手表劳力士总共只生产了 12 只。12 只手表要么归某个家族所有，要么属于某位意大利退役赛车手。手表专为西西里赛事"环西西里汽车赛"的参赛选手而制。生产的 12 只手表中现存 8 只或 9 只。截至 2013 年，只有 1 只手表在拍卖会上出现过。

和其他产自 1942 年的时计相比，这款手表大得出奇。手表宽 44 毫米（以现在的标准来看，手表尺寸刚好），拥有钢制表壳。机芯由瑞士机芯制造商瓦主（Valjoux）负责生产。这款表的价值证明了劳力士的品牌实力。该型号之所以如此珍贵，不是因为手表双追针计时工艺之复杂，而是因为作为一只劳力士手表，和其他劳力士手表相比，该型号手表的数量太过稀少，设计也很少见。

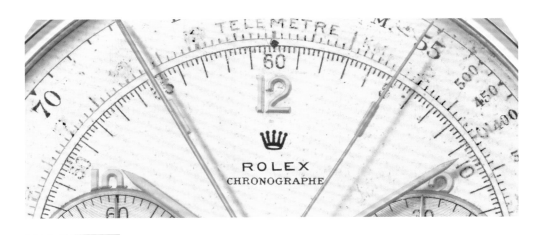

---

*　以 1.035.000 瑞士法郎的价格，于 2017 年 5 月，成交于日内瓦佳士得拍卖行。

1　译注：普通计时腕表一般只有一个计时按挚。

皇家制造：歌剧腕表
Manufacture Royale: Opera

$1,200,000

大多数受人欢迎的成功奢侈品手表品牌都历史悠久。品牌的制表历史越悠久，消费者和藏家就越认可该品牌。为拥有一只戴在手腕上的奢侈品，他们需要花很多钱。消费者通常会用怀疑的眼光考量一家新晋制表品牌。讽刺的是，那些最资深的手表藏家一直都在寻找"新潮、创新"的手表，他们的藏品中永远都缺少那么一只"酷炫的手表"。

一家新兴品牌若想获得高端消费者的认可，生产的时计要么基于传统品牌手表制成，要么足够狂野、足够吸引眼球。而那些最吸引人注意力的手表，往往也是最有趣、最复杂的时计。手表藏家们习惯说"日光之下，并无新表"。藏家之所以持有这样的观点，是因为目前手表上的"新"功能，历史上都出现过。要找到一只真正创新的手表是一件很有挑战性的事。过去近 10 年，不论新奢侈手表品牌的作品在商业上何等成功，真正的创新之作却寥寥无几。

2010 年，新品牌皇家制造（Manufacture Royale）发布了品牌首只时计歌剧（Opera）。手表灵感源自历史，同时拥抱现代科技，这是一只带有蒸汽朋克设计美学的手表，而不是一只设计风格偏传统的时计。皇家制造表示，手表灵感源自史上著名的作家伏尔泰——18 世纪时，伏尔泰居于日内瓦，曾投身奢侈品手表行业。利用自己的政治影响力和精明的商业策略，伏尔泰扰乱了当时瑞士手表行业的秩序。这一做法让他成为一位富有争议性的历史人物。

品牌之所以将时计命名为"歌剧"，是因为它有三问复杂功能，可将时间报给佩戴者。大部分三问表的和弦声很难听到，原因有二：一是表壳的防水设计；二是手表采用了能吸收声波能量的贵金属。这款手表的前表盖打开后似一台手风琴，后表盖也可以打开。皇家制造表示，手表前后盖可开的设计使击锤和音簧发出的和弦声比大多数三问表更清晰。

歌剧手表尺寸很大，表壳有 50 毫米宽。夸张的设计成功地吸引了人们的注意力，这样的设计风格也是现代奢侈品手表行业的一大特色。完全裸露的镂空机芯拥有一套陀飞轮擒纵机构，陀飞轮与过度工程的表壳相得益彰。机芯材质只有黄金或铂金这样的贵金属。

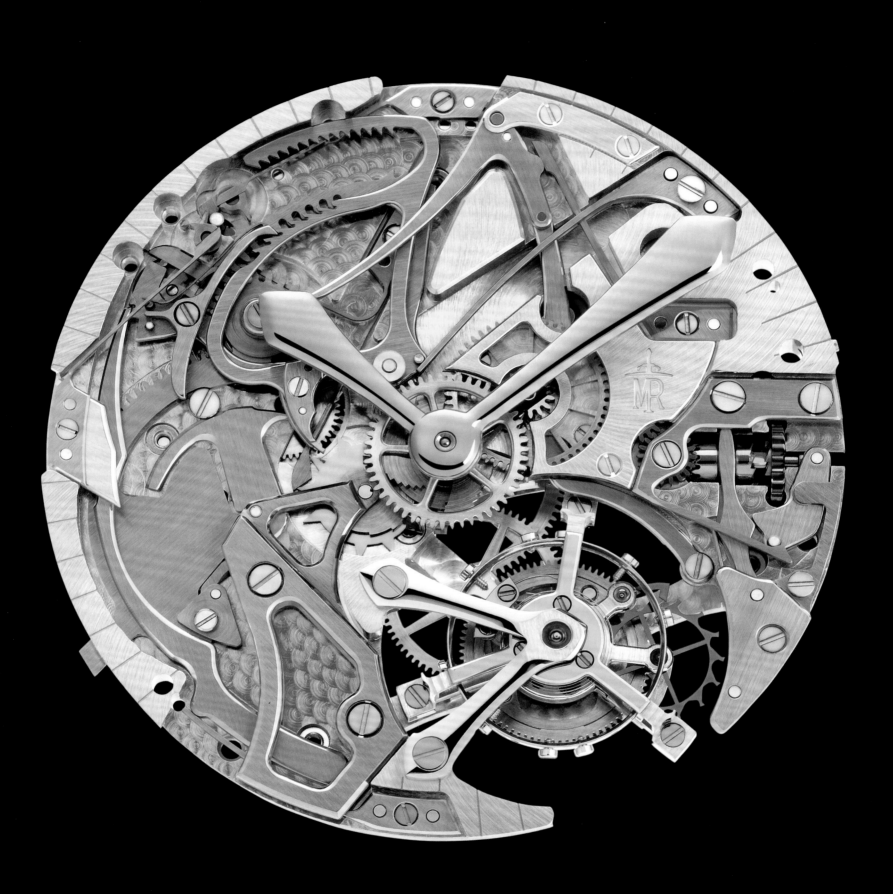

江诗丹顿：环岛之旅腕表
Vacheron Constantin: Tour de l'ile

$1,400,000*

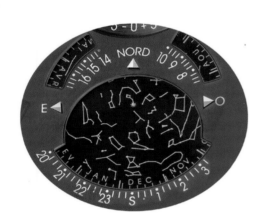

环岛之旅腕表（Tour de l'ile）表盘 12 点处标记有"秘密签名"，刻有"1755—2005"字样。手表亮相于 2005 年，旨在庆祝品牌江诗丹顿成立 250 周年。手表名是日内瓦一个街区的名字，江诗丹顿总部曾在此地办公近 200 年。

手表一经发布便成为当时最复杂的腕表。因为江诗丹顿认为一面表盘不足以承载手表的所有信息，因此手表拥有前后两面表盘。这款手表的出现对整个制表行业而言都是一件盛事，手表总共拥有 834 个零部件，以及 16 项复杂功能。

江诗丹顿声称这款手表的研发时间超过 1 万个小时，生产数量极为稀少。这只经典风格手表的设计基于历史上的一只江诗丹顿时计。这块手表产于 1926 年，是恒久古典元素与机械复杂性的完美结合。

手表的正面表盘显示有时间，时针和分针处于表盘偏上方的偏中心的位置，但手表时间标记却位于手表边缘。手表的开放式陀飞轮围绕表盘旋转，此外还有月相显示（微笑着的月亮）、动力储备显示（既是时间动力储备显示，又是自鸣功能转矩显示）及白天 / 夜晚指示。

手表表圈是三问功能的启动装置。启动后，手表会将时间以和弦的形式报给佩戴者。腕表的后表盘的指示比前表盘的指示还要多。江诗丹顿在后表盘上加载了万年历、日出 / 日落时间、时差、星空图（地球上指定地点日出 / 日落时的星空图）。

通过这只便于佩戴的大师级手表，江诗丹顿向世人展示了如何制造出一只工艺复杂、外形优雅，还能取悦藏家的时计。江诗丹顿总共只生产了 7 只环岛之旅腕表。因为每只手表都有不一样的颜色、搭配不一样的装饰元素，所以任意两只手表都是不一样的。

---

* 以 1,876,250 瑞士法郎的价格，于 2005 年 4 月，成交于日内瓦安帝古伦拍卖行。

卢瓦索：1f 4
Loiseau：1f 4

$1,400,000

现代钟表先锋、备受尊敬的制表师多米尼克·卢瓦索（Donique Loiseau）的职业生涯于 2013 年达到顶峰。而同年，他便与世长辞。像多米尼克这样的制表师多半为大品牌效力，负责制造顶级的时计。默默付出的无名奢侈品工匠，在幕后造出的奢侈品充满了想象力，这些奢侈品的价格，也难以想象地高。能真正欣赏他们作品的都是一群精英粉丝，因为他们深知这些作品有多伟大。

在其职业生涯的大部分时间里，卢瓦索都处于幕后，为像欧米茄、宝珀、芝柏（生前效力的最后一家品牌）这样的品牌效力。然而，卢瓦索最终于 2012 年雄心勃勃地成立了自己的同名品牌。品牌每年只会生产两只手表。

在宝珀工作时，卢瓦索负责设计一款名为 1735 的手表。一经推出，1735 便立刻成为当时世界上最复杂的腕表，定价超过 100 万美元。机芯零件数目接近 750 个。手表非常复杂，以至当时有能力尝试组装的制表师一只手都数得过来。宝珀于 1989 年发布了卢瓦索设计的这只时计，总共只生产了近 30 只。2011 年左右，手表停产。

在成立自己的品牌后，卢瓦索希望能打破自己之前的纪录，再次制造出世界上最复杂的腕表。2012 年，他推出了手表 1f 4，表名为国际象棋中的一步棋。1f 4 功能太多，以至需要两面表盘才能显示这些功能。手表前侧和后侧各有一面表盘。支托里有一套独特的系统，使之能围绕枢轴转动，所以手表既可以正面朝上，亦可以背面朝上佩戴。

手表 1f 4 总共有 32 项复杂功能，两面表盘加起来有 16 根指针。两面表盘中有一面为蓝色，显示时间、万年历、月相及和弦系统的动力储备。另一面表盘在显示有双时区、双秒追针计时、白天 / 夜晚指示、时差这些功能的同时，还露出了一枚飞行陀飞轮。手表还另有三问、大自鸣、小自鸣这三种音乐性功能。手表通过表圈上的一颗隐秘转子自动上链。佩戴者可以观察到转子的运动，因为有一颗钻石绕着表圈不断转动。

卢瓦索之所以设计 1f 4 这只手表，不光是为了在手表上实现如此多的复杂功能，更是在尝试制造出一款搭载多种功能的日常佩戴手表。手表拥有超过 900 个零件，新成立的品牌表示一年最多生产两只 1f 4 手表。手表刚推出时，收到的评价褒贬不一，但是随着卢瓦索与世长辞，许多人又改变了对这只手表的评价。虽然他已经不在，但是因为 1f 4 的设计已经完成，所以，即使品牌创始人已经逝世，品牌仍然在慢慢持续制造这只具有开创性意义的时计。

百达翡丽：天月陀飞轮 5002P 腕表
Patek Philippe: Sky Moon Tourbillon 5002P

$1,450,000[*]

这是最复杂的百达翡丽手表。其价值之高已经过拍卖会的检验。一只天月陀飞轮
5002P 腕表（Sky Moon Tourbillon 5002P）的拍卖会成交价格将近 150 万美元。这款表
有几个型号，最初型号发布于 2001 年。表壳两侧各有一面表盘，分别显示了各项功能。
手表机芯非常复杂，而且经全面装饰，总共拥有 686 个零部件。

在设计天月陀飞轮之时，百达翡丽的制表师为手表的机芯加入了许多最复杂的功
能。正面表盘显示有时间、月相、日历、星期、逆跳日期、月份和闰年提示。5002P
手表的背面表盘是一幅星空图，还配有一系列天文复杂功能。背面表盘有几个子表盘，
其中主子表盘显示恒星时，副子表盘显示有月相及月亮在天空中的运行轨迹。机芯为
陀飞轮擒纵机芯，还拥有三问和弦报时功能，三问功能需手动启动。

这只表宽约 43 毫米，可供选择的手表材料包括 18K 白色金、玫瑰金及黄金和铂
金这样的贵金属。2013 年，百达翡丽开发出天月陀飞轮的后续型号，名为"6002G"。
6002G 的表盘有手工珐琅画，表壳也经全面装饰和雕刻。

* 以 1,202,500 瑞士法郎的价格，于 2013 年 5 月，成交于日内瓦
安帝古伦拍卖行。

瑞驰迈迪：RM 56-01 蓝宝石水晶腕表
Richard Mille: RM 56-01 Sapphire

$1,700,000

20世纪80年代，因为人工合成蓝宝石水晶技术的成功推广，腕表开始真正流行起来。过去手表最脆弱的部位是表镜，有些手表的表镜比机芯还脆弱。在考虑该选择怀表还是腕表时，人们都会考虑到这一点。怀表有表盖保护其表镜，而腕表的表镜则完全暴露了出来。

过去，制表师经常用玻璃作为表镜材料，尽管玻璃易碎。20世纪大部分时间里，制表行业经常使用亚克力作为表镜材料。虽然亚克力表镜的强度高，但是不耐磨。随着工艺的进步，工匠终于可以将蓝宝石切成圆形，作为表镜。坚固的蓝宝石表镜，颠覆了整个手表行业。在耐磨性上，蓝宝石完胜钢铁，以至制表师们表示"几乎不可能在蓝宝石上留下刮痕"。想切割蓝宝石，必须借助特定机器，这也解释了为什么大多数情况下，蓝宝石多为样式简单的圆形。

现代手表设计强调将手表内部展现出来。机械表机芯十分美观，这也是许多人愿意为机械机芯时计花那么多钱的主要原因。所以高端制表品牌瑞驰迈迪无法拒绝将一只表壳透明、防划的手表变成现实的诱惑。

大概2012年，瑞驰迈迪发布了手表RM 056，手表表壳由蓝宝石水晶制成。而RM 56-01手表不仅价格高昂，也是一只充满争议的手表。蓝宝石水晶本身是一种很常见的材料，但手表价格之所以这么高，是因为制造表壳的工作量很大，制造时间很长。在切割蓝宝石水晶或在上面打孔的时候，经常会有裂缝出现，甚至还会让蓝宝石碎掉。这只瑞驰迈迪手表的表壳不但有多个曲面和折角，还有一些螺丝孔，保证手表各个部件能组装在一起。这意味着完成一只手表的表壳不仅需要大量时间，还需要耐心。瑞驰迈迪表示每只RM 56-01手表的表壳需要1,000个小时才能完成。

手表内含有一枚陀飞轮机芯，机芯拥有动力储备显示和转矩显示功能。转矩显示是一种相对少见的手表功能，可以显示主发条的转矩。借助动力储备显示和转矩显示，机芯爱好者得以将手表调校得尽可能准确。作为手表界一只异乎寻常的时计，RM56-01限量5只。

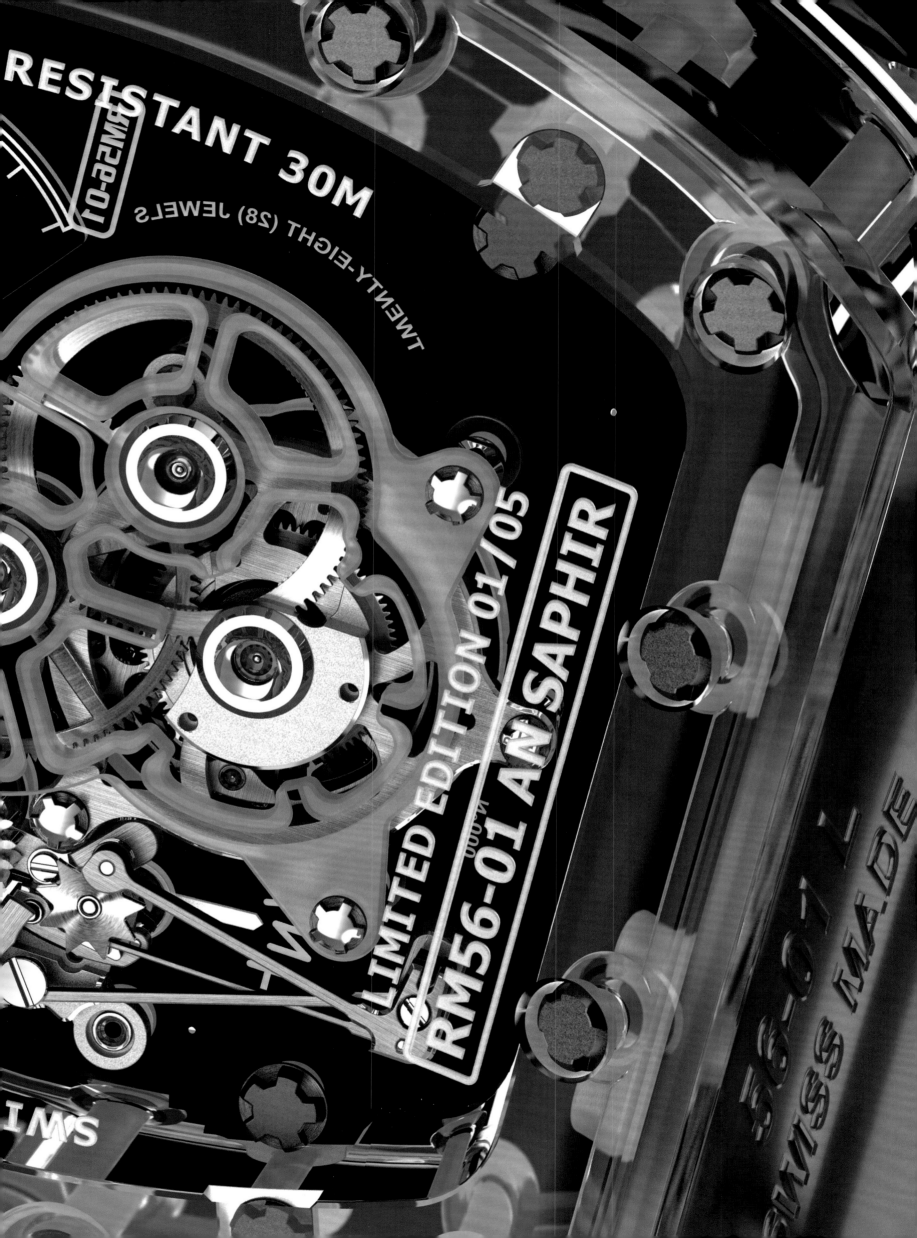

朗格：大复杂功能腕表
A. Lange & Sohne: Grande Complication

$1,900,000

大多数德国顶级制表师都住在萨克森自由州的小镇格拉舒特。很多人认为，格拉舒特地区最佳制表品牌当属朗格。朗格手表风格经典，品牌对手工精心装饰的机械机芯感到十分骄傲。2013 年，朗格发布了品牌目前为止最复杂的手表，手表名很简单，就叫大复杂功能腕表（Grande Complication）。

一般来说，"大复杂功能"指的是一类特定时计，这些时计的机芯包含一系列传统复杂功能。藏家喜欢的时计，不仅设计风格经典，而且要求复杂功能越多越好。大复杂功能腕表拥有诸多受藏家追捧的复杂功能，包括万年历、和弦功能[1]，以及月相显示。此外，手表还有一些其他功能。

手表的万年历在记录日期时，将闰年 2 月份有 29 天的情况纳入了考虑范围。这只手表显示有日期、星期、月份，还有闰年提示。这块表的计时功能有两大亮点。首先，这是一只双秒追针计时表，也就是说手表可同时记录两个事件的时间；其次，计时器的跳秒式秒针让计时精确度达到了 1/5 秒。

可以说，大复杂功能手表最复杂的功能要数其和弦功能。手表有大自鸣、小自鸣和三问功能。经佩戴者启动后，三问功能让手表发出一系列和弦。佩戴者可通过这些和弦确定时间。而自鸣则使手表每隔一段时间发出和弦声。

大复杂功能的机芯拥有 876 个零部件，其中大部分都经朗格手工打磨装饰。手表表壳很大，有 50 毫米宽。这款手表非常复杂，所以朗格总共只会生产 6 只。

---

1 译注：大自鸣、小自鸣、三问。

法穆兰：永恒超级四号腕表
Franck Muller: Aeternitas Mega 4

$2,400,000

在永恒超级四号腕表（Aeternitas Mega 4）发布之时，该系列还有超级一号、二号和三号这三只手表。尽管前三代手表本身都标志着制表行业的高峰，但是法穆兰（Franck Muller）制造的永恒超级四号腕表（Aeternitas Mega 4）是一只足以载入史册的手表。讨论哪只手表是世界上最复杂的手表时，难免带有主观色彩。但是，当法穆兰用这个称号来形容 2010 年推出的超级四号手表时，无人表示质疑。

巨大的铂金表壳有着酒桶外形，表壳两侧分布着 7 个按挚，表面安排满了各种副表盘和指针。虽然永恒超级四号腕表看起来算不上优雅，但是它无疑标志着制表工艺的一座新高峰：手表拥有 36 项复杂功能，机芯包含零件数高达 1,483 个。

设计和制造时计之所以如此困难，是因为手表的空间十分有限。尽管表壳厚度达 20 毫米，但在永恒超级四号腕表的表壳内装下一只搭载如此多复杂功能的机芯还是一件很有挑战性的事。一枚机芯若要成为微机械的典范，必须能显示信息。法穆兰在设计表盘时遇到了一大挑战，即将机芯如此多的记录显示在手表的表盘上。凭借大师级的制表工艺，法穆兰让永恒超级四号腕表成为了现实。

这只手表的大部分复杂功能大致可分为三类。手表的万年历，保证 1,000 年准确运行。表面上有年份提示、月相显示，也能保证 1,000 年的准确运行。手表所记录相关天文数据还使手表拥有时差提示功能（民用时与太阳时之间的差值）。

一款时计如果没有计时功能就不能称之为大复杂功能表。永恒超级四号腕表的计时器为双秒追针式计时器。让人感到惊奇的是，法穆兰还为手表加入三问和与之相关联的自鸣功能，这些功能都通过和弦报时。手表还显示有多个时区时间。就算如此，表面还有足够空间，开出一个窗口，露出机芯的陀飞轮擒纵。最后，法穆兰为永恒超级四号腕表安装了一个能自动上链的微转子。

最令人赞叹的地方在于，手表不仅仅是世界上最复杂的手表，还是一只可佩戴实用的手表。法穆兰从未表明会限量生产多少只永恒超级四号腕表。手表拥有一系列可定制选项，用户可选择在表壳上镶嵌珍贵宝石，还可以选择表盘颜色。手表有可能只接受客户定制。

积家：混合机械大自鸣腕表
Jaeger-LeCoultre: Hybris Mechanica à Grande Sonnerie

$2,500,000

混合机械大自鸣腕表（Hybris Mechanica à Grande Sonnerie）拥有将近 1,500 个零部件，27 项复杂功能。2009 年，手表一经推出便斩获"世界上最复杂的手表"这一称号。多年以来，曾有一系列手表获得过该头衔；未来，世界上顶级制表师们将会不断制造出新时计，继续争夺这一称号。不过，一只时计只要获得过这一称号，不管持有多长时间，都值得赞扬。

积家独辟蹊径，不仅仅为手表加入了一两项额外的功能，还为其设计出了一套全新的机械装置，通过全新方式来实现传统功能。简而言之，这是一只音乐性手表，配有万年历和陀飞轮，而且还有其创新之处。

当积家开始设计这款手表时，设计师抛弃了制造一只三问自鸣手表的传统思路。三问和自鸣都是音乐性功能，借助一系列和弦将时间报给佩戴者。自鸣为自动报时，三问则需手动启动。制表师在生产含有这些功能的手表时，采用的机械设计早已有之。

积家希望制造出最好的三问自鸣手表（就和弦音质和复杂程度而言），所以品牌聚焦于和弦音质（清晰度和响度）及和弦时长（完美重现伦敦西敏寺钟声的和弦）。积家为这些音乐性功能设计出了一套全新的控制系统。新系统的结构太过复杂，以至制表师将其命名为"地狱塔楼"（Infernal Tower）。系统含有一套三级齿轮碟，一旦完成，能提高三问和自鸣功能的稳定性和准确度。

传统音乐性功能依靠机芯击锤和音簧，通过击锤击打音簧，奏响和弦。而这只手表没有音簧和击锤。混合机械大自鸣腕表拥有一套积家的新发明，品牌称之为"水晶音簧"（Crystal Gongs）。积家将独特的金属音簧结构与手表的蓝宝石水晶连接在一起，而蓝宝石水晶又与 18K 白色金表壳安装在一起。这样的设计，使所发出的簧音变得分外清晰、饱满。

买家永远都不会忘记混合机械大自鸣腕表手表的购买体验。买家首先要直接找积家下订单，此外这只手表还配有其他两只手表，以及一个非常特别的"盒子"。与混合机械大自鸣腕表配套的两只手表中，一只是积家出产的镂空版球型陀飞轮腕表（Gyrotourbillon），另一只是积家的超卓复杂功能三面翻转腕表（Reverso Grande Complication a Triptyque）。每只表单独拿出来都是一块十分珍贵的手表。三只表被放在一个保险箱中。这只积家牌保险箱重 1.2 吨，其中一个柜子用来给手表上链，保险箱还有一套特殊声音系统，可在保险箱外听到手表的自鸣报时声。

伯爵：皇帝庙宇腕表
Piaget: Emperador Temple

$3,300,000

瑞士手表制造商伯爵生产的皇帝庙宇腕表（Emperador Temple），是世界上最昂贵的手表之一。手表体现出人们对钻石的崇拜。这只手表是伯爵在时计设计方面的一次尝试，伯爵在腕表有限的空间内，尽可能多地镶嵌大颗钻石：钻石一层层地镶嵌在表面上，形成一座金字塔。

手表名中有"庙宇"（temple）一词，一种说法是，手表设计和古美索不达米亚的金字塔寺庙建筑有联系。主表盘上方有一铰链式表盖，呈寺庙金字塔顶形状，合上后可以保护表盘。手表拥有两个铰链式装置，除非打开其中一个，否则看不到手表的表盘。

在钻石的层层包被下，藏着伯爵手表的设计。手表呈沙漏形，这款手表上精心镶满了一系列钻石。伯爵采用多种切割方式处理皇帝庙宇表壳上的钻石。很多方钻镶在手表上看不到的地方，主表盘及边缘表盘上装饰有小一号的明亮式切割钻石。手表金字塔顶镶有整只手表上最大的一颗钻石，为翡翠琢型，起到画龙点睛的作用。手表两面表盘上均使用了塔希提珍珠母贝。

如果手表带有表盖或隐藏表盘，这类手表被称为"秘密"手表。只有佩戴者能看到秘密手表的时间。最初秘密手表是为女性而开发的。因为，过去的人们认为，女性在社交场合佩戴时计是一件很不淑女的事情。皇帝庙宇是一只男表，而男性秘密手表数目本身非常稀少。更罕见的是，手表有两面表盘。较大的一面表盘显示有时间和动力储备，同时露出手表的陀飞轮；机芯由伯爵制造，是一枚极为纤细的机械机芯。

可以说另一面表盘更小、更女性化，表盘位于钻石碟之后。皇帝庙宇表壳上钻石的数目超过 860 颗，手表表带上还另镶有 350 颗方钻。由于挑选并镶嵌这些钻石需要大量时间和金钱，所以这只手表伯爵只生产了 1 只。据报道，手表在 2010 年推出之后，很快就被人买走了。

百达翡丽：型号 2499/100P

Patek Philippe: Référence 2499/100P

$3,637,844*

1985 年，百达翡丽（Patek Philippe）型号 2499 系列时计投入商业化生产。百达翡丽是一家生产工艺复杂男士机械手表的品牌。在很多人看来，百达翡丽的这一只旗舰表是手表风格和复杂功能的巅峰。图中手表型号为 2499/100p，所属型号 2499 很早之前便正式投产，但是真正完成的时计却没有几只。百达翡丽 2499 手表于 1951 年正式投产，但截至 20 世界 80 年代中期，手表总共才生产了不到 350 只。

百达翡丽决定在最后两只 2499 手表上干些特别的事。手表藏家通常对表壳材料很感兴趣，2499 的表壳主要由 18K 黄金制成。历史上，百达翡丽的大部分高端复杂功能时计，都使用"非白色贵金属"，例如 18K 白色金或铂金。百达翡丽生产过非商用的 2499 铂金手表：1987 年，百达翡丽制造了两只这样的手表。因为一些未知原因，品牌打算将手表留在公司。

然而，不久之后，百达翡丽就决定将两只中的一只卖给一位资深的百达翡丽藏家，而将另一只藏于百达翡丽博物馆。1989 年，百达翡丽将铂金表壳版 2499 手表以略高于 25 万美元的拍卖价格，卖给一位欧洲藏家。20 世纪 80 年代，手表再次易手。2000 年后，手表被卖给音乐家埃里克·克莱普顿（Eric Clapton），埃里克本人就是一位著名的手表藏家。在他买入这只手表之后，人们称手表为百达翡丽 2499 埃里克·克莱普顿（Patek Philippe 2499 Eric Clapton）。

10 年之后，克莱普顿又让这只铂金版 2499 手表出现在了拍卖会上。之前藏家们都认为这只手表不会再出现在拍卖会上，但是他们错了。2012 年时，手表自出售起，第二次被拍卖。在那时，人们普遍认为这只手表是现代手表历史上最重要、最珍贵的百达翡丽时计。

手表极具个性，不光因为表壳材料很少见，更因为手表的设计和复杂的机芯。机芯拥有万年历和计时功能。只有懂行的藏家才知道有这样一只手表，认识到手表有多珍贵。对手表门外汉来说，许多百达翡丽手表看起来很相似；然而，不同百达翡丽手表之间的细微差别，让手表价值有着云泥之别。对这个级别时计感兴趣的藏家，会注意到时计上一些不起眼的细节，也正是这些细节，对手表价值产生了巨大的影响。2012 年，铂金版 2499/100p 手表以 344,300 瑞士法郎的价格，在日内瓦的一场拍卖会上成交。拍卖会前预估的手表价格在 25 万至 40 万瑞士法郎，成交价格正好落在估计范围中间。

---

* 以 3,443,000 瑞士法郎的价格，于 2012 年 11 月，成交于日内瓦佳士得拍卖行。

百达翡丽：2013 年"表唯一"拍卖会上的 5004T

Patek Philippe: 5004T for Only Watch 2013

$3,985,067*

世人公认百达翡丽手表在世界范围内的拍卖会上都能达到非常高的成交价格。这不光适用于古典百达翡丽表，对于新百达翡丽手表也是如此。在高端手表，以及其他奢侈品市场上，古董奢侈品的价格比全新奢侈品的价格要高一些。一种说法是，经过时间检验，古董奢侈品还是很受欢迎，所以更贵，而全新奢侈品则没有这样的条件。

2013 年，在摩纳哥的一场拍卖会上，一只全新孤品（仅有一只）百达翡丽手表，以 295 万欧元的价格成交。手表名为型号 5004T（Ref. 5004T）。手表成功出售是一场盛事，而拍卖会本身却并无任何特别之处。系列拍卖会名为"表唯一"（Only Watch），百达翡丽专门为这场拍卖会而制造了这样一只手表。拍卖会每两年举办一次，受邀品牌会将手表捐给拍卖会，拍卖所得将全部捐给一家慈善医疗机构。品牌对所捐赠的手表还有要求：手表要么是一只独一无二的手表，要么是限量版手表的首只作品。

在 2013 年那场拍卖会前两年，百达翡丽完成了著名商业系列手表 5004。也就是说，在这场拍卖会之前，人们还买不到 5004 手表。该系列首只手表有着独特的表盘设计和表壳、表带材料。百达翡丽手表上一些极细微的差别都能使手表价值陡增。这只 5004T 手表的表壳为钛金属材质。

截至 2013 年，百达翡丽生产的钛金属表壳手表从未以商业目的出售。所生产的 5004T，以及其他几只手表钛合金手表，都在拍卖会上成交。钛合金不但质轻，而且强度高。5004T 运动风的表带及特色表盘，与之前任何一只 5004 手表，甚至任何一只百达翡丽手表都不一样。

5004T 完美展现了一只顶级百达翡丽大复杂功能手表应有的样子。手表拥有令藏家梦寐以求的机芯，5004T 拥有万年历、月相显示和双秒追针计时功能，所有功能都清晰可见，就如百达翡丽手表一直以来那样。按照现代标准衡量，5004T 手表根本不算大，表壳宽 36.7 毫米，低于当时男士手表的平均宽度。

手表与众不同的风格，外加钛金属材质表壳，使藏家们相信，这只百达翡丽手表不仅在拍卖时很有价值，在未来亦是如此。除百达翡丽外，几乎没有哪家品牌能对自家未经市场检验的新手表，抱有这样的信心。

---

* 于 2013 年 9 月，在"表唯一"拍卖会（安帝古伦拍卖行）以 295 万欧元价格成交。

百达翡丽：J. B. 钱皮恩白金天文台计时腕表
Patek Philippe: J.B. Champion Platinum Observatory Chronometer

$3,990,624*

在比较制造拍卖会上高价手表的能力时，百达翡丽无可匹敌。百达翡丽最珍稀的古董表在拍卖会上攫取财富无数，截至 2013 年，拍卖会上最贵的百达翡丽腕表是一只独一无二的手表。手表原先于 1952 年被卖给一位叫 J. B. 钱皮恩（J. B. Champion）的藏家。

手表外观简洁，风格端庄，想到这一点，很容易会觉得手表接近 400 万的价格太高了。但是藏家们却认为这只手表不仅证明了为什么稀有百达翡丽手表如此昂贵，而且还包含一系列稀有精品时计应有的特点。

和绝大多数手表不一样的地方在于，这只手表是按客户要求定制而成，而不是由品牌出于商业目的生产制造的。据悉，这是美国律师、手表藏家 J. B. 钱皮恩购买的第二只百达翡丽手表。作为追求准确度的偏执狂，钱皮恩想要一只走得尽可能准的时计。为了参加某次时计准确性竞赛，百达翡丽专门制造了一款机芯。想要制造最准的时计，没有比这枚机芯更合适的。

日内瓦天文台曾举办过多场时计准确度竞赛，竞赛过程中，各制表师将呈现出为达到最精准计时这一目的而制造的机芯。这些"秒表"机芯十分罕见，需耗费制表师额外精力来设计、组装。这款机芯百达翡丽总共生产了 30 枚，其中只有两枚用来制造腕表。这还有可能是出于一位老顾客的要求。

钱皮恩成功说服百达翡丽，去制造出一只尽可能准，而且拥有特殊机芯的腕表。手表不仅有铂金表壳，还配有铂金表带。表盘可能是按钱皮恩的要求制成的。从来没有一只百达翡丽表能像这只手表一样，拥有如此魅力与神秘感。

表盘除标明机芯为参加日内瓦天文台计时比赛而特制外，还不避讳地写有"专为 J. B. 钱皮恩而制"（Made Especially for J. B. Champion）。显然，手表符合钱皮恩先生在准确度方面的要求，所以之后他又定制了另一面表盘，新表盘主题更正式，镶有钻石，与先前的 18K 白色金数字标记表盘形成对比。如果佩戴者愿意，制表师可更换手表表盘。

这只时计背后，是一位藏家与目前世界上最受欢迎手表品牌之间的故事。因为数量稀少，所以定制手表在拍卖会上往往能卖出更高价格。钱皮恩是一位充满激情且狂热的知名手表爱好者，这使手表价格进一步攀升。手表的稀有、独一无二的特性、原主人的性格，这些元素汇集在一起，使得手表成为拍卖成交价最高的百达翡丽手表。

---

* 以 3,779,000 瑞士法郎的价格，于 2012 年 11 月，成交于日内瓦佳士得拍卖行。

宇柏：大爆炸 500 万美元腕表
Hublot: Big Bang $5 Million

$5,000,000

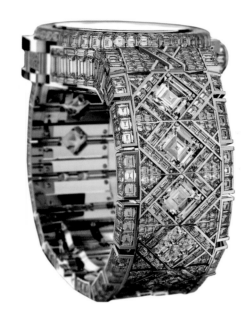

2012 年，宇柏发布了这只价值 500 万美元的时计。两年前，宇柏的首席执行官让－克劳德·比弗（Jean-Claude Biver）希望通过制造出一只价格 100 万美元的手表的方式来震惊世界。两年前的那只价格 100 万美元的手表基于宇柏著名系列手表大爆炸（Big Bang）制作，获得了成功。那时，令人震惊的价格是奢侈表上受人追捧的元素。大爆炸 100 万美元腕表（Big Bang $1 Million）宇柏只生产了一只，随后又制造了另一只标价 300 万美元的版本。第三只大爆炸手表创下了一项难以打破的记录。这只手表为大爆炸 500 万美元腕表（Big Bang $5 Million）。这款手表是满钻装饰手表的顶峰，充分体现了不同藏家对于满钻装饰奢侈品的喜爱与嫌恶。

如果一样奢侈品上镶满耀眼的珍贵宝石，很容易被人认为是一件没有品味的奢侈品。不管有没有品味，制造这样一只镶满钻石的手表需要很多功夫。制造这样一只手表的挑战在于，要以一种优美、对称的方式镶嵌所有钻石。要找到这些颜色相近、外形相似的天然钻石很具挑战性。对一只使用了 1,282 颗钻石的手表来说，更是如此。

宇柏选择先从设计大爆炸 500 万美元腕表着手，而不是以所有的钻石为起点。熟练的珠宝匠会根据所有宝石进行设计，而不是先完成设计再去找宝石。宇柏选择了一条更为艰难的道路，即先设计好手表。手表的表壳、表盘、表带上镶满了钻石，同时着重体现按钻石形状形成的特有图案。虽然最后结果是形成了手表十分有趣的装饰派艺术风格，但是这样的设计需要巨量各种各样的宝石，对其中一些宝石的尺寸还有要求。

宇柏表示，最终需要 12 名钻石切割工匠和 5 名钻石镶嵌师全力合作 14 个月，方能完成手表。宇柏需要从全世界收购钻石，其中有 6 颗 3 克拉翡翠琢型钻石。宇柏大爆炸 500 万美元腕表总共含有超过 100 克拉的钻石，镶嵌在 18K 白色金的表壳和表带上。作为这样一只独特的时计，很难相信宇柏（或其他品牌）会试着打破这一手表的价格纪录。

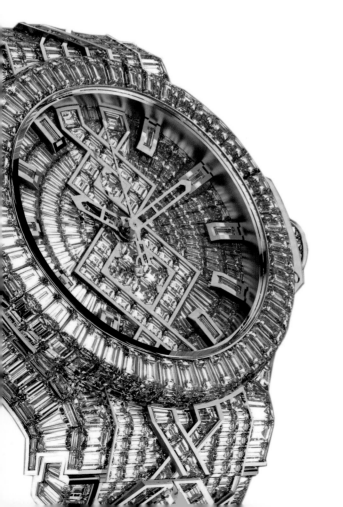

特别鸣谢

我要感谢以下各位所提供的帮助，没有他们，这本书不可能完成。

4N 的弗郎索瓦·昆汀（Francois Quentin）

ACC 出版（ACC Editions）的詹姆斯·史密斯（James Smith）、苏珊娜·赫特（Susannah Hecht）、克雷格·霍顿（Craig Holden）和史蒂芬·麦肯雷（Stephen Mackinlay）

安帝古伦拍卖行的米歇尔·R.哈尔朋（Michelle R. Halpern）

安东尼·裴休素（Antoine Preziuso）的梅·裴休素（May Preziuso）

阿特利尔·卢瓦索（Atelier Loiseau）的卡米尔·特伦巴克·蒙坦顿（Camille Tellenbach Montandon）

播威（Bovet）的安娜·禅克（Anna Csank）和卡特林·本德斯基（Caitlin Bendersky）

贝克塞（Bexei）的埃泽·贝克塞（Eszter Becsei）和亚伦·贝塞（Aaron Becsei）

宝格丽（Bulgari）的帕斯卡·布兰德（Pascal Brandt）

卡地亚（Cartier）的莉安娜·恩格尔（Liana Engel）和妮可·阿尔巴（Nicole Ehrbar）

塞西尔·珀内尔（Cecil Purnell）的尼古拉斯·帕瑟（Nikolas Parser）

萧邦（Chopard）的巴拉尼·普勒纳（Balani Prerna）

佳士得拍卖行（Christie's）的加百列·福特（Garbriel Ford）

格睿时（Christophe Claret）的阮安明（Anh-Minh Nguyen）

君皇（Concord）的卡罗琳·卡里洛（Caroline Carrillo）

昆仑（Corum）的弗洛伦斯·德罗姆（Florence Delorme）和玛丽-亚历山德里娜·莱博维茨（Marie-Alexandrine Leibowitch）

贝蒂讷（De Bethune）的蒂凡尼·普巴耳（Tifanny Poupaert）

德高娜（De Grisogono）的丹尼斯·德·卢卡（Denis De Luca）和博拉·奥德乔比（Bola Odejobi）

迪威特美国（Dewitt America）的狄安娜·弗洛瑞（Diana Florez）和罗纳德·杰克逊（Ronald Jackson）

熔炼 47（Fonderie 47）的彼得·萨姆（Peter Thum）

法穆兰（Franck Muller）的内哈·托施尼瓦（Neha Toshniwal）

GCK 合伙人（GCK Partners）的布利塔·托勒（Britta Towle）

格里本宁格（Grieb & Benzinger）的乔治·巴特科威亚科（Georg Bartkowiak）

格伦菲尔德（Gronefeld）的巴特·格伦菲尔德（Bart Gronefeld）

海瑞·温斯顿（Harry Winston）的卡林·福勒（Karine Fol）

豪朗时（Hautlence）的卡罗琳·布奇勒（Caroline Buechler）

宇柏（Hublot）的马林·勒蒙尼尔（Marine Lemonnier）

HWPR 的保罗·勒内（Paul Lerner）

先前在 HWPR 的尼古拉斯·罗伯特斯（Nicholas Roberts）

海塞珂（Hysek）的瑟琳·戴西莫斯（Celine Dessimoz）

万国（IWC）和罗杰杜彼（Roger Dubuis）的埃里克·基姆（Eric Kim）

积家美国的瑟熙勒·廷香（CeCile Tinchant）

让·杜南（Jean Dunand）的让-玛丽·弗罗衡（Jean-Marie Florent）

朱利安·库德雷（Julien Coundray）的伊莎贝尔·寇泰·贝利亚德（Isabelle Comte-Beliard）

肯尼和肯瑟拉（Kinney and Kinsella）的吉娜·弗林（Gina Folin）

康斯坦丁·查依金（Konstantin Chaykin）的英娜·柯察金娜（Inga Korchagina）

朗格（A.Lange & Sohne）美国的亚历山大·哈克斯顿（Alexandra Haxton）

罗伦斐（Laurent Ferrier）的瓦内萨·蒙内斯特尔（Vanessa Monestel）和奥利维拉·沙瓦尼斯（Olivia Chavanis）

路易·莫华奈（Louis Moinet）的让-玛丽·沙勒（Jean-Marie Schaller）和乔纳森·理查德（Jonathan Richard）

时间大师（Maitres Du Temps）的玛格丽特·佩恩（Margaret Pane）

皇家制造（Manufacture Royale）的菲德丽卡·沃诺（Federica Vono）和马克·古腾（Marc Guten）

麦斯米兰（MB&F）的查理斯·雅迪加洛格鲁（Charris Yadigaroglou）

欧米茄（Omega）的卡米勒·格利塞尔（Camille Grisel）

沛纳海（Panerai）的米歇尔·佳拉格（Michelle Gallagher）和亚利森·苏蒂尔（Allison Sottile）

帕玛强尼（Parmigiani）的卡米拉·德雷耶（Camilla Dreyer）

百达翡丽（Patek Philippe）的杰西卡·京士兰德（Jessica Kingsland）

本书法语版的编辑和翻译凯瑟琳·皮埃尔-蓬（Catherine Pierre-Bon）

保时捷设计（Porsche Design）的克斯汀·哈曼（Kerstin Hamann）

瑞驰迈迪美洲（Richard Mille Americas）的拉瑞·O.修（Larua O. Hughes）和阿妮塔·亚德米安（Anita Yardemian）

罗杰·史密斯（Roger Smith）的卡罗琳·史密斯（Caroline Smith）和罗杰·史密斯（Roger Smith）

罗曼·哲罗姆（Romain Jerome）的丽萨·费德曼（Lisa Feldman）

精工（Seiko）的洛里·罗杰斯（Lori Rogers）

沙敏·阿巴斯（Shamin Abas）的娜塔莎·伯格（Natasha Berg）

苏富比拍卖行的凯瑟琳·托马斯（Katharine Thomas）和达雷尔·罗莎（Darrell Rocha）

思彼马仁（Speake-Marin）的萨罗姆·查特林（Salome Chatelain）

希望之光（Spero Lucem）的伊万·亚巴（Yvan Arpa）和温蒂·威特（Wendy Witt）

斯沃琪集团（Swatch Group）的卡罗尔·麦克吉尼斯（Carol McGuinness）、莉莉安娜·陈（Liliana Chen）、拉契·茜贝拉（Rachel Sibella）和安吉拉·阿波托（Angela Apolito）

宣传工厂（The Promotion Factory）的布利特·伯格（Britt Berg）

这是任务（This Is Mission）的凯蒂·福克斯（Katie Fox）和泰勒·史弥顿（Tyler Smeeton）

托马斯·普雷斯奇（Thomas Prescher）的艾克·配许（Heike Prescher）和托马斯·配许（Thomas Prescher）

泰格丽丽·斯凯尔（Tigerlily Skye）的丽萨·德莱恩（Lisa Delane）

提尔森（Tilson）的马鲁·巴祖阿（Maru Bazua）

时间艺术渠道（Time Art Distribution）的费尔南达·扎巴塔·瓦基尔（Fernanda Zapata Vakil）

和域（Urwerk）的亚辛·萨（Yacine Sar）

梵克雅宝（Van Cleef & Arpels）的凯尔赛·贝克（Kelsey Becker）

维亚内·阿勒特（Viannery Halter）的菲利普·马西（Philippe Mariez）

卡里·沃迪莱恩（Kari Voutilainen）

真力时（Zenith）的毛·提贝提（Maud Tiberti）

特别感谢大卫·布伦丹（David Bredan）和看表网（aBlogtowatch）整个团队所付出的努力与长期的支持。

作者和出版商感谢手表品牌提供本书中所使用的图片。所有图片版权归提供品牌所有。

作者和出版商还要感谢以下拍卖行所提供的照片：

第 214、288、292、313 页图片由安帝古伦拍卖行提供。
第 148、281、310、317 页图片由佳士得图片有限公司提供。
第 150、219、232 页图片由苏富比拍卖行提供。

读者服务：reader@hinabook.com 188-1142-1266　　购书服务：buy@hinabook.com 133-6657-3072
投稿服务：onebook@hinabook.com 133-6631-2326　　网上订购：www.hinabook.com（后浪官网）

Simplified Chinese edition published by 2018 Ginkgo (Beijing) Book Co., Ltd

本书中文简体版由银杏树下（北京）图书有限责任公司版权引进。

版权登记号 图字 01-2018-5699

图书在版编目（CIP）数据

名表博物馆 / （美）阿里尔．亚当斯著；程自华译
. —— 北京：中国华侨出版社，2018.10
ISBN 978-7-5113-6773-0

Ⅰ．①名… Ⅱ．①阿… ②程… Ⅲ．①手表—介绍—
世界 Ⅳ．① TH714.52

中国版本图书馆 CIP 数据核字 (2018) 第 174321 号

名表博物馆

著　　者：[美]阿里尔·亚当斯	译　　者：程自华
出 版 人：刘凤珍	责任编辑：姜薇薇
特约编辑：刘　悦	筹划出版：银杏树下
出版统筹：吴兴元	营销推广：ONEBOOK
装帧制造：墨白空间·张莹	经　　销：新华书店

开　　本：720mm×1030mm　1/8　印张：40.5　字　　数：280 千字

印　　刷：北京盛通印刷股份有限公司

版　　次：2018 年 10 月第 1 版　　2018 年 10 月第 1 次印刷

书　　号：ISBN 978-7-5113-6773-0　　　　　定　　价：398.00 元

中国华侨出版社　北京市朝阳区静安里 26 号通成达大厦 3 层　邮编：100028

法律顾问：陈鹰律师事务所

发 行 部：（010）64013086　　传真：（010）64018116

网　　址：www.oveaschin.com　　E-mail：oveaschin@sina.com

后浪出版咨询（北京）有限责任公司

未经许可，不得以任何方式复制或抄袭本书部分或全部内容

版权所有，侵权必究

如有质量问题，请寄回印厂调换。联系电话：010-64010019